JN209497

季節の花の
アレンジメントBOOK
12ヶ月の
ナチュラル
ドライフラワー
Rint-輪と 吉本博美
NATURAL DRIED FLOWERS
山と溪谷社

上左／アトリエの庭は、春にクリスマスローズがこぼれるように咲く。
上右／アトリエのドアを開けると、乾燥中のナチュラルドライフラワーがいっぱい。

Preface
はじめに

ドライフラワーのアレンジメントは、コツさえわかれば、自分で好きなものが作れます。生花のように水も使わず、すぐに傷まないのも魅力。気取らず自由に、作りたい花や器でアレンジメントができるのです。

自然な花を乾かしたナチュラルドライフラワーは、そのまま花器に飾っても、束ねて吊るすだけでも、見違えるほど部屋のイメージが変わります。

リボンや器を加えたり、素材を変えて、インテリアに似合う工夫をするのも楽しいものです。触れているだけでも、ほのかな花の香りややさしい色に癒されます。

本書には、季節ごとの花を使った、ドライフラワーならではの厳選したアレンジメントを、たっぷりと詰め込みました。心も暮らしも豊かになる、あなただけのアレンジメントを作る手助けになれましたら、うれしいです。

Rint-輪と 吉本博美

テーブルにドライフラワーのアレンジメントを飾っておもてなし。

季節の花のアレンジメントBOOK

12ヶ月のナチュラルドライフラワー

Contents

Chapter 3
ドライフラワーにおすすめの花 111種

Chapter 4
ナチュラルドライフラワーの作り方

[本書の使い方]

* 植物の大きさや花つきには個体差があります。アレンジメント制作の際の花材の量は目安として参考にしてください。
* 植物のデータについては、関東平野部以西を基準にしています。

Chapter 1では、ドライフラワーを使ったアレンジメント作りの基本と、ナチュラルドライフラワーとは何かを説明しました。はじめて作るときは、基本の3つのアレンジメントから作ってみることをおすすめします。
Chapter 2では、季節に合ったバラエティー豊かなアレンジメントの実例と、その作り方をていねいに紹介しました。
Chapter 3では、ナチュラルドライフラワーにおすすめの花の写真を掲載。主なデータや特徴と乾かし方のアドバイスを紹介しました。なお、科名などは分類生物学の成果を取り入れたAPG分類体系に準拠しています。
Chapter 4では、ナチュラルドライフラワーの作り方や用具、保管方法などを豊富な写真で解説しています。

Chapter 1

作ってみたい基本のアレンジメント

ドライフラワーでアレンジメントを
作るための花の知識、
花材の選び方や道具を紹介します。
はじめて挑戦する人にも作りやすい
バスケット、リース、スワッグの作り方も、
ていねいに説明します。

水が不要なドライフラワーのアレンジメントは、ローメンテナンスで長く楽しめる。クラフト感覚で作れるのも魅力。

ナチュラルドライフラワーについて

花や葉が持つ色素を凝縮し、生花に近い鮮やかな色と自然な表情を持った、
自然乾燥で作られたドライフラワーが「ナチュラルドライフラワー」です。
花の部分だけではなく、葉や茎、実も無駄なく生かすことで、
よりナチュラルなアレンジメントに仕上げることができます。

①セルリア‘プリティーピンク’
②ペッパーベリー
③ユーカリ・テトラゴナ
④センニチコウ‘シスター’
⑤ユーカリ・ポポラスの実
⑥デルフィニウム‘オーロラ’
⑦バラ‘スパークリンググラフティ’
⑧バラ‘インフューズドピンク’
⑨コウヨウザンの実
⑩アジサイ
⑪スターチス‘HANABI’
⑫スギの実
⑬クラスペディア
⑭サンダーソニア
⑮シロタエギク‘シルバーダスト’
⑯スカビオサの実（ステルンクーゲル）
⑰カラマツの実
⑱ハスのタネ
⑲ジニア‘クイーンライムウィズブロッチ’
⑳ホワイトレースフラワー
㉑アイビー‘パーサリー’
㉒マリーゴールド‘ディスカバリーイエロー’
㉓キャナリーグラス
㉔クレマチス・シルホサの実
㉕ユーカリ・アンバーナッツ
㉖ルナリアの実
㉗ユーカリ・トランペットの実
㉘フィリカ・プベッセンス‘ワフトフェザー’
㉙ニゲラの実
㉚モナルダ（白花種）
㉛エリンジウム‘マグネーター’
㉜スモークグラス
㉝カンガルーポー（イエロー系）
㉞八重咲きユキヤナギ
㉟ダリア‘NAMAHAGE REIWA’
㊱セロシア‘ルビーパフェ’
㊲フランネルフラワー‘ファンシーマリエ’
㊳スターチス（白花種）
㊴クリスマスローズ
㊵リモニウム‘デュモサ’
㊶ラナンキュラス（紫）
㊷エリンジウム‘ギガンチウム シルバーゴースト’
㊸ヒペリカム‘ココカジノ’
㊹ジニア‘クイーンレッドライム’
㊺バラ‘ブルーグラビティ’
㊻ドライアンドラ・クエルシフォリアの葉
㊼アストランチア‘ローマ’
㊽ユーカリ・グニー

［主な特徴］

ぎゅっと詰まった花色

水分が抜けて色素が凝縮され、
深みがある鮮やかな色に。

ルリタマアザミ'ベッチーズブルー'

自然で立体的な表情

立体的で、咲いているように
自然な表情があります。

クリスマスローズ

葉や茎、実もすべて生かす

花だけでなく、葉や茎、
実やタネなども無駄にせず、使います。

ペッパーベリー

ユーカリの葉と茎

アレンジメントを作る道具と資材

本書に登場する、ドライフラワーでアレンジメントを作るための道具や資材です。
P.12〜13で紹介する専門店のほか、100円ショップで入手できるものもあります。

切ったり挿すための道具

カッター
フローラルフォームを切り出す。

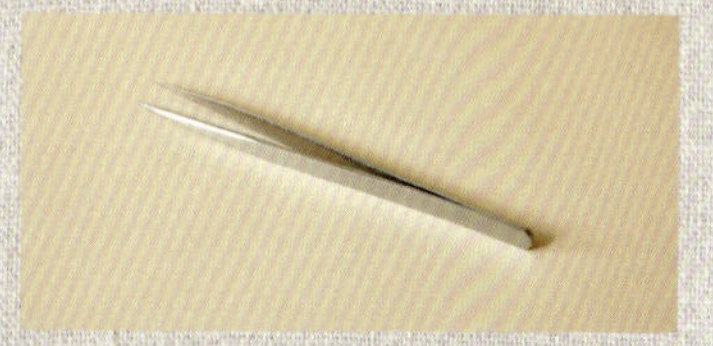

ピンセット
細かい作業や細い花を挿すときに。

クラフト用ハサミ
細い茎を切る。作業全般に便利。

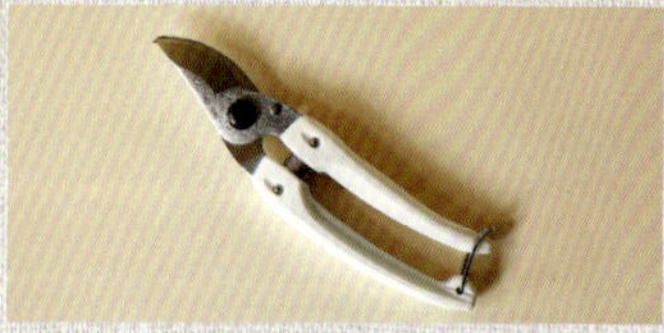

剪定バサミ
太い枝やかたい枝などを切りやすい。

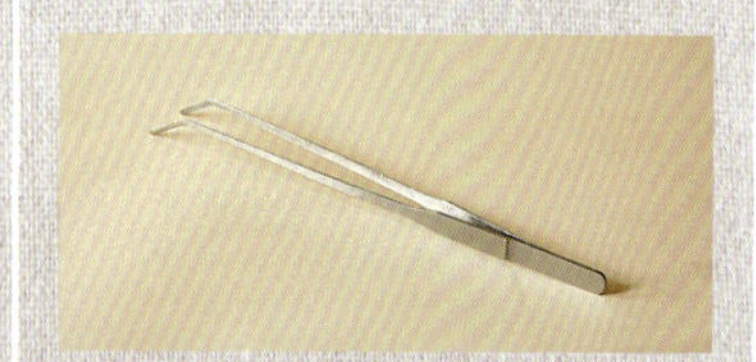

ハーバリウム用ピンセット
長い茎を挿したり、
容器に花材を入れる際に。

接着するための資材

木工用接着剤
葉や茎を接着し、固定するときに。

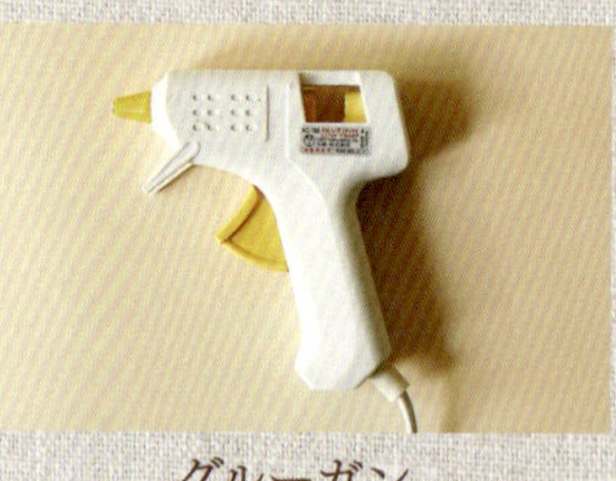

グルーガン
電源につないで
グルースティックを溶かす。

グルースティック
樹脂製で、高温で溶かし、
素材を接着する。

グルーパッド
高温になるグルーガンを置く
半透明のマット。

アレンジメント用品

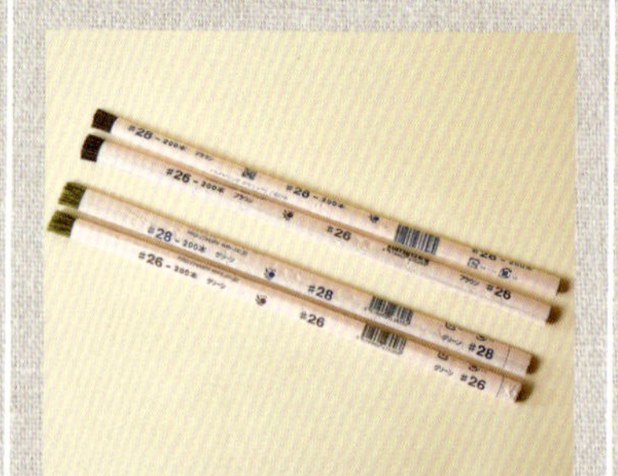

地巻きワイヤー
本書では緑色、
茶色と白色の＃26と＃28を使用。

フローラテープ
主に緑色を使用。
花や茎に巻いて数本を束ねる。

フローラルフォーム
器に入れて花材を挿す土台に。
通称オアシス。

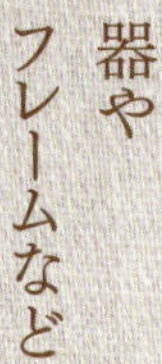

器やフレームなど

ガラスの花器

花材を挿したり、中に入れて飾る。

つる製バスケット

つるなどで編んだナチュラルなかご。

シラカバポット

シラカバの樹皮で作った花器。

スクエアコンポート台

ブリキ製で上にアレンジメントを飾る。

サラダボウル

サラダを盛りつける陶器製の食器。

ウッドフレーム

木製の木枠。
アレンジメントを接着してもよい。

ワイヤーバスケット

チキンネットなどを張った
取っ手付きのかご。

リースベースなど

ツイッグロープ

つる性植物を模した造花用のワイヤー。

フジづる

フジのつるを丸めて乾燥させたもの。

シラカバの樹皮

アレンジメントの仕切りなどに便利。

リースベース

フジのつるやラタンなど、
さまざまな素材がある。

リボンやひもなど

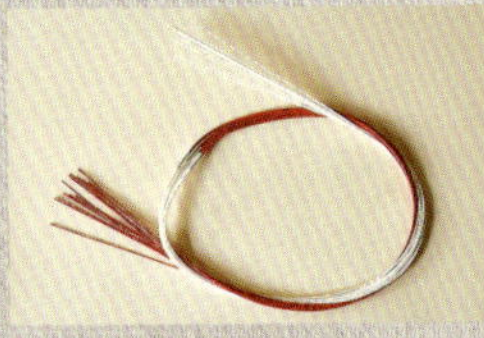

水引

お正月飾りに欠かせない。
主に赤と白の紙糸を使用。

グログランリボン

アレンジメントに合わせて
色や材質を選ぶ。

幅広リボン

張りがあるコットン製は、
形が作りやすい。

ナチュラルドライフラワーの入手

人気が高まり、いろいろな方法でドライフラワーが入手できるようになっています。
ナチュラルドライフラワーや資材などの入手方法を紹介します。

ガーデンセンター、ホームセンター、フラワーショップ

植物や園芸用品が揃っているガーデンセンターやホームセンターには、ドライフラワーのコーナーが設けられている店舗があります。フラワーショップでも店内でドライフラワーを販売している店舗が増えています。購入する際は、脱色や着色していないものを選びましょう。

プロテア'ロビン'とライスフラワー／オザキフラワーパーク内生花専門店「ラフレシア」

Amazon、楽天市場などのネット通信販売

Amazon、楽天市場、Yahoo!ショッピングでは、トップページから「ドライフラワー 花材」で検索すると、いろいろなメーカーのドライフラワーが入手できます。購入する際は、脱色や着色していないものを選びます。

Amazon　https://www.amazon.co.jp/
楽天市場　https://www.rakuten.co.jp/
Yahoo!ショッピング　https://shopping.yahoo.co.jp/

ラベンダー（ナチュラル）とユーカリ／Amazon（コアトレーディング）

東京堂（花材と資材の専門店）

日本最大の花材や資材の専門店。実店舗のほか、オンラインショップもあり、業者だけでなく一般の人でも購入できる。「ナチュラル」の表示があるものがおすすめ。

東京都新宿区四谷2-13（CFLストア）
tel 03-3359-3331（大代表）
https://www.e-tokyodo.com

YouTube東京堂チャンネル「Dried Flowers・知ってほしいドライフラワーのこと」の講師で本書の著者が出演中。

スモークツリーとアゲラタム／
東京堂の一般小売用オンラインショップ「マイフラ MY FLOWER LIFE」

はなどんやアソシエ（花材問屋通販サイト）

日本最大級の花材問屋通販サイト。一般の人でもフラワーアレンジの材料全般が購入でき、即日発送品も多数ある。「ドライフラワー」のカテゴリーから脱色や着色していないものを選んでください。

https://www.hanadonya.com/
注文はオンラインショップのみ。

オレガノ'ケントビューティー'とミモザ'デニスボーデン'／はなどんやアソシエ

フラワースミスマーケット
Flower Smith Market

「仕入れやすさ」にこだわったフラワーショップの仕入れサイト。一般の人でも購入できる。「ドライフラワー」と「高級ドライフラワー」から、脱色や着色していないものを選びます。

https://flowersmithmarket.com/
注文はウェブサイトのみ。

リンドウ（紫）とホワイトレースフラワー／Flower Smith Market

ドライフラワー専門店

自家製のドライフラワーを中心に、保存状態のよいナチュラルドライフラワーが豊富に揃う、おすすめのショップを紹介します。

DRY FLOWER : f3（エフスリー）
山梨県北杜市高根町村山西割408-1
tel 0551-45-9373 fax 0551-45-9374
https://dryflower-f3.net/ ネットショップあり。

farm enn.（ファーム・エン）
埼玉県入間市上藤沢908
tel 070-6451-0315 info@farm-enn.net
https://farm-enn.net/ ネットショップあり。

イモーテル'バニラ'とコムギ／DRY FLOWER : f3

Rint-輪と ドライフラワー スクール＆アトリエ

本書の著者のドライフラワー教室とアトリエ。ていねいに自然乾燥させたナチュラルドライフラワーとおしゃれな花器や雑貨が購入できます。

東京都府中市片町3-18-1 tel&fax 042-310-9615
定休日：毎週月・水曜日、年末年始
＊詳細はインスタグラムでご確認ください。
https://www.rint.tokyo/
Instagram @rint_y

クリスマスローズとモナルダ／Rint-輪と ドライフラワー

スクール情報 〈Rint-輪と〉

アトリエの教室では、著者からていねいな指導が受けられる。

花に囲まれたアトリエの庭は、大家の田中よね子さんが手入れしている。

↓花器や資材がセンスよく並ぶ店内。

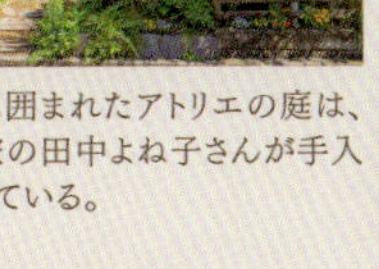

●定期教室　講師：吉本博美
ベーシッククラス　始めた月から年10回（1月、8月は休み）
アドバンスクラス（ベーシッククラスを修了した方）年10回
フリースタイルクラス（ベーシックとアドバンスクラスを修了した方）

●1dayレッスン　講師：吉本博美（年2回）
8月と1月の年2回、数日間開催

〈外部教室〉

コーディネートショップ サニー
広島県広島市西区横川町2-2-22
https://www.instagram.com/_sany32_/
tel 082-295-0095
＊奇数月と12月の年7回開催（日・月）
＊申し込みは2ヶ月ごとに。

オレンジスパイス
長崎県諫早市栗面町162-4
http://www.orange-spice.com
https://www.instagram.com/orange_spice_/
tel 0957-22-5151
＊年1回、12月に教室を開催。
同時期にアレンジの展示販売なども。

はじめてのバスケット

乾かしやすい3種類の花だけでできる、
庭の花を集めたようなバスケットアレンジです。
シャクヤクをポイントにして
クリスマスローズとヒメウツギを挿し込み、
葉も生かして自然な印象に。

出来上がりサイズ： 左右32㎝、奥行き16㎝、高さ25㎝

用意するもの

[花材]

a クリスマスローズ(紫系) 15本
b シャクヤク'華燭の典' 2本
c ヒメウツギ(30cm以上) 2本

[道具など]

つるのバスケット(25cm×14cm×25cm)、フローラルフォーム、カッター、剪定バサミ、クラフト用ハサミ、木工用接着剤、ピンセット、地巻きワイヤー#26(緑)

1 フローラルフォームをカッターで13cm×6.5cm×2.5cmに切り、上面の角をカッターで面取りする。ヒメウツギの枝を4cmに切り、ワイヤーで2回巻いてから下で2回ねじり、ワイヤーを広げる。

2 1のフローラルフォームの上面に枝のパーツを押しつけ、バスケットの右寄りに配置してワイヤーをフローラルフォームの外側に回す。ワイヤーをバスケットの底の隙間から出して軽く引っ張り、下側でねじって固定する。ワイヤーの端は短く切り、折り曲げてバスケットの内側に隠す。

3 ヒメウツギを12cm 2本、13cm、16cm、17cmに切り分ける。2のフローラルフォームの面取りした側面に、枝に木工用接着剤をつけて挿し込んで写真のように固定する。中央は空けておく。次にシャクヤクの葉5枚をフローラルフォームを包み込むように配置し、接着剤をつけて挿し込み、固定する。

4 シャクヤクを花の先から茎までの長さ12cm 2本に切り分ける。大きめの花を中央に、小さめの花を左手前に配置する。枝に接着剤をつけて2本の角度を60度くらいつけて挿し込み、固定する。

5 クリスマスローズの花を10〜13cm 15本に切り分け、茎に接着剤をつけて4全体にバランスよく挿し込んで取り付ける。入れにくい場合はピンセットを使うとよい。左手前に18cmに切ったクリスマスローズを取り付ける。残ったクリスマスローズの葉を集め、フォームが見えなくなるように接着剤をつけて取り付ける。

1

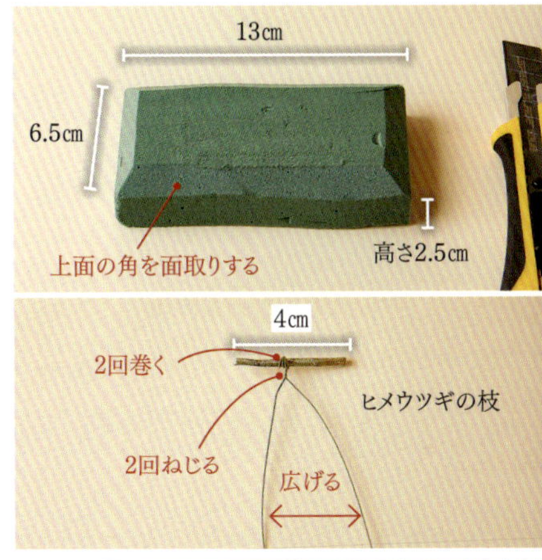

2

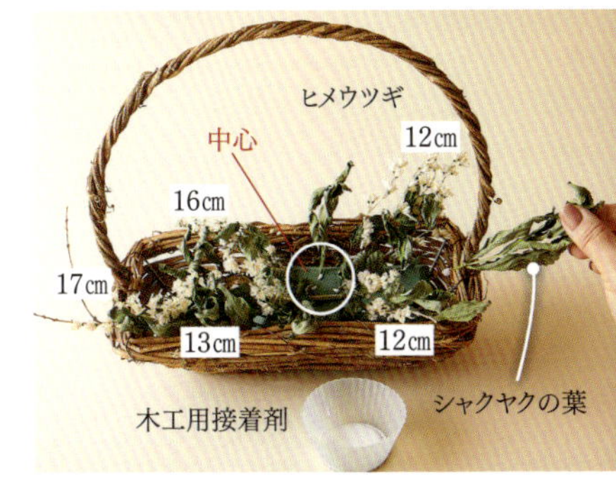

3

4

5

Basic

［基本 -2］

花と葉のリース

市販のつるのリースベースを生かして、
2つのポイントに花と葉を取り付けた
可憐なデザインのリースです。
少ない花材で手軽に作れるのも魅力。
ポイントに大小のメリハリをつけるのがコツです。

出来上がりサイズ： 天地25㎝、左右23㎝、厚み10㎝

用意するもの

［花材］

a ユーカリ・ポポラス（つぼみつき、35cm以上） 1本

b フランネルフラワー‘ファンシーマリエ’（25cm以上） 2本

c バラ‘アムールブラン’ 3本

［道具など］

つるのリースベース（直径20cm）、剪定バサミ、クラフト用ハサミ、グルーガン、グルースティック、グルーパッド、地巻きワイヤー＃26（緑）

1 直径20cmのつるのリースベースにワイヤーを二つ折りにして2～3回巻きつけて縛り、二つ折りにした部分を開いて吊り下げるための輪を作る。輪の部分は4cmくらいにすると吊り下げやすい。

2 1のリースベースの左上をポイントⒶ、右下をポイントⒷと設定する。つぼみをつけたユーカリの枝を7cm 5本、8cm、12cm、20cmのパーツに切り分ける。Ⓐを中心にパーツを配置し、茎の先にグルーをつけてリースのつるの間に挿し込んで取り付ける。グルーが固まるまでは、しばらく手でパーツを支える。

3 2と同様につぼみをつけたユーカリの枝を6cm、7cm 2本、8cm、15cmのパーツに切り分ける。Ⓑを中心にパーツを配置し、茎の先にグルーをつけてリースのつるの間に挿し込んで取り付ける。グルーが固まるまでは、しばらく手でパーツを支える。

4 バラの枝を6cm、7cm、8cmに切り分ける。Ⓐに7cmと8cmのバラを、角度を変えて配置し、枝の先にグルーをつけてリースベースに挿し込んで取り付ける。同様に、Ⓑに6cmのバラの枝にグルーをつけ、花を内側に向けて取り付ける。バラの葉を2枚ずつ、ⒶとⒷにそれぞれグルーでつける。

5 フランネルフラワーを5cm 4本、6cm 4本、7cm 2本、9cmに切り分け、写真を参考にⒶとⒷに向かって動きをつけて配置する。茎の先にグルーをつけ、リースベースの中に挿し込んで取り付ける。残ったバラの葉やユーカリのつぼみを、あいているところにバランスよくグルーでつける。

1

2

3

4

5

Basic

[基本 -3]

風を感じるスワッグ

手の中で枝を組んで土台を作るため、
はじめてスワッグに挑戦する人でも
きれいにまとまります。
土台の上に華やかな花をグルーで取り付けると、
軽やかで立体感のある仕上がりに。

出来上がりサイズ： 天地40cm、左右22cm、厚み12cm

用意するもの

［花材］

a リューカデンドロン‘プルモーサム’（36cm以上） 1～2本
b ラークスパー（青系、30cm以上） 7本
c 八重咲きユキヤナギ（40cm以上） 5本
d ユーカリ・ポポラス（36cm以上） 3本

［道具など］

リボン（ブルー、幅4cm×100cm）、剪定バサミ、クラフト用ハサミ、グルーガン、グルースティック、グルーパッド、地巻きワイヤー＃28（緑）

1 ユーカリを20cm 2本、25cm、36cmに切り分けて、おおまかに揃えて束ね、その上にユキヤナギ30cm 2本と40cmを束ねて重ねる。ワイヤーを二つ折りにして、下から約7cmの支点に2～3回巻きつけ、ねじってしっかりと固定する。

2 ラークスパーを20cm、23cm、30cmに切り分け、1の上に束ねる。ワイヤーを二つ折りにして支点に2～3回巻きつけ、ねじって固定する。

3 ユキヤナギを20cm、25cm 2本に切り分け、次にユーカリを17cm 2本と22cmに切って1の上に束ねる。ワイヤーを二つ折りにして支点に2～3回巻きつけ、ねじって固定する。

4 リューカデンドロンを花の先から茎までの長さ13cmと23cmに切り分ける。大きめの花を左手前に、小さめの花を右奥に、ほぼ直角に配置してワイヤーを二つ折りにして3といっしょに支点で2～3回巻きつけ、ねじって固定する。短いリューカデンドロンはグルーで補強する。ワイヤーの輪を開いて吊り下げ用の輪を作る。

5 ラークスパーを6cm、10cm 2本、15cmに切り分ける。茎の下端にグルーをつけて矢印の方向に挿し込むように取り付ける。グルーが固まるまでは、しばらく手で茎を支える。

6 5の上下をひっくり返して置き、上側のエリアに支点を隠すようにユーカリの葉4～5枚を葉柄にグルーをつけて挿し込むようにして取り付ける。上側に飛び出した枝を緩やかなラインに剪定バサミで切る。揃えすぎないのがポイント。

7 ワイヤーの上からリボンを1周巻いて、支点のワイヤーやグルーの跡を隠し、リボン結びにする。

1

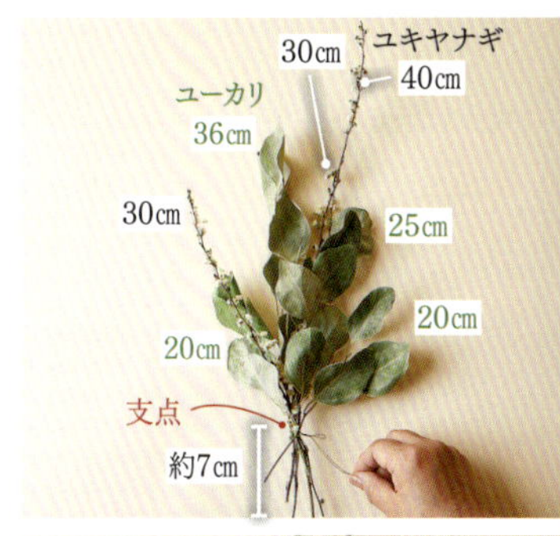

2

3

4

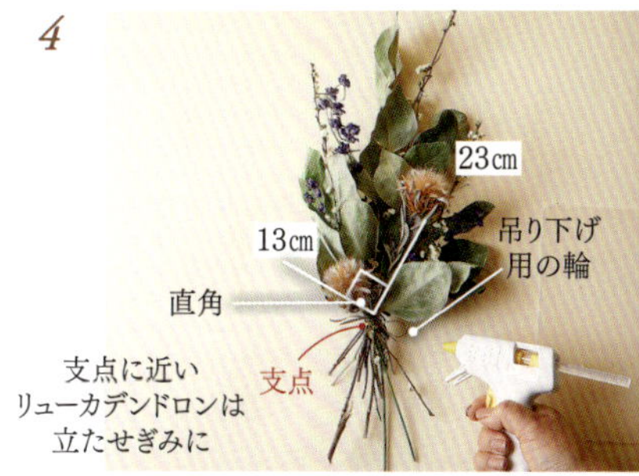

5

6

7

Chapter 2
飾りたくなる
12ヶ月のアレンジメント

季節の花を使って、
ドライフラワーの自然な色合いや表情を生かした
アレンジメントをたっぷりとご紹介します。
豊富なデザインの中から、
飾りたくなるものを選んで作ってみてください。

ちょっとしたおもてなしやティーパーティーに、ドライフラワーのアレンジメントを飾って。いつものテーブルが、見違えるほど素敵になる。

January

1月-A

新年を祝う
赤い実たっぷりの輪飾り

縁起がよいリースで、ホリデーシーズンを華やかに。
大きさや形が違う3種類の赤い実を
ふんだんに使い、表情豊かに立体感を出しました。
水引を外せば、お正月が過ぎても長く楽しめます。

出来上がりサイズ： 天地30㎝、左右28㎝、厚み12㎝

用意するもの

［花材］

a ハスの実　1本
b サンキライの実　5本
c バラの実
　‘センセーショナルファンタジー’5本
d ノイバラの実　10本
e アセビの枝　2本
f ヒオウギの実　2本
g イネの穂　5本

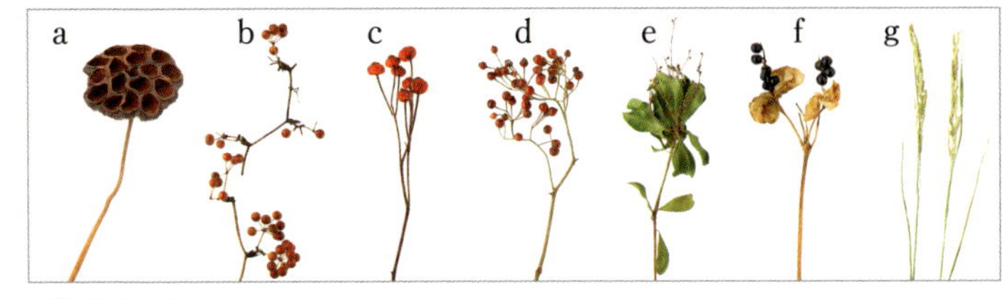

［道具など］

つるのリースベース（直径19㎝）、紅白がつながった水引（長さ58㎝）5本、クラフト用ハサミ、グルーガン、グルースティック、グルーパッド、地巻きワイヤー＃26（茶）と＃28（白）、スタンド（あれば）

1 直径19㎝のつるのリースベースに、＃26（茶）のワイヤーを二つ折りにして2〜3回巻きつけ、ねじって固定して二つ折りにした部分を開き、吊り下げるための輪を作る。ハスの実の茎をハサミで切り落とし、リースベースの左上にグルーで接着する。

2 サンキライの実を、房のまま茎を2〜3㎝つけた7つのパーツに切り分ける。1のリースに均等な間隔でパーツを配置し、茎の先にグルーをつけてリースのつるの間に挿し込んで取り付ける。

3 ノイバラの実を房のまま5〜6㎝の茎をつけた7つのパーツに切り分ける。茎の先にグルーをつけて2のサンキライの間のリースベースに挿し込んで取り付ける。

4 アセビの枝を12〜13㎝に4本切り分け、矢印のようにハスの実の上に2本とリースの右下に2本を配置する。茎の先にグルーをつけ、リースベースに挿し込んで取り付ける。

5 ヒオウギの実を茎をつけて11㎝に切り、①の位置からハスの実の付け根に向かって挿し込み、グルーで取り付ける。イネの穂を18㎝に切り、②の位置からアセビの下に向かって挿し込み、グルーで取り付ける。

6 バラの実を房のまま6〜7㎝のパーツに切り分ける。茎の先にグルーをつけて、少し飛び出すように5の全体にバランスよく取り付ける。サンキライを15〜20㎝に切ってパーツを作り、グルーで右下に取り付ける。

7 水引5本を揃えて束ね、赤い部分で7㎝の輪を作り、＃28（白）のワイヤーを巻きつけてからねじって固定する。ワイヤーの端を折り曲げて2〜3㎝の脚を作り、脚にグルーをつけてハスの実の左下に接着する。

January

1月-B

モダンな
お正月のスワッグ

たっぷりの水引を二重に丸め、
アカメヤナギやヒオウギをあしらった、
お正月にぴったりのスワッグ。
魔除けのトウガラシは、
差し色としても効果的です。
シックなオージープランツがポイントに。

出来上がりサイズ：
天地45㎝、左右18㎝、厚み15㎝

用意するもの

［花材］

- a ドライアンドラ・フォルモーサ　2本
- b トウガラシ　2本
- c キンポウジュ（28cm以上）　3本
- d ナンキンハゼの実（25cm）　3〜4本
- e ユリのさや　1本
- f ヒオウギの実（27cm）　2本
- g アカメヤナギの枝（60cm）　3本
- h マツカサ　2個

［道具など］

水引（銀ラメ入り白、長さ100cm）50本、剪定バサミ、クラフト用ハサミ、グルーガン、グルースティック、グルーパッド、地巻きワイヤー＃26（茶）と＃28（白）、スタンド（あれば）

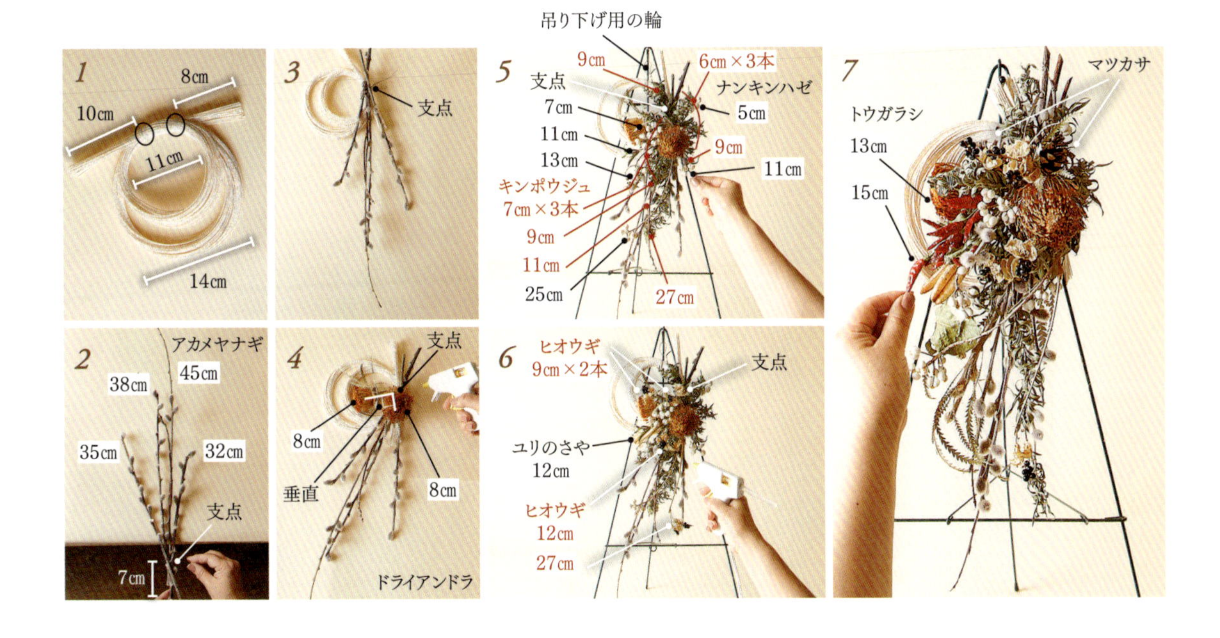

1 100cmの水引50本を揃えて束ね、丸めて直径11cmと14cmの二重の輪を作る。端を8cmと10cm残して、＃28（白）のワイヤーを二つ折りにして2ヶ所に2〜3回巻きつけ、ねじって固定する。

2 アカメヤナギを32cm、35cm、38cm、45cmに切り分け、机の縁を使って束ねる。下から約7cmのところに＃26（茶）のワイヤーを二つ折りにして2〜3回巻きつけ、ねじってしっかり固定する。

3 2の上下をひっくり返して置き、支点の下に1で束ねた水引を配置する。支点の上から＃26（茶）のワイヤーを二つ折りにして水引とアカメヤナギをいっしょに2〜3回巻きつけ、ねじってしっかり固定する。

4 ドライアンドラを花の先から茎までの長さ8cmに2本切る。花の大きいほうを右手前に、小さいほうを左奥に、ほぼ直角に支点の上に配置して茎にグルーをつけて固定する。

5 水引の二重の輪の左上に、＃26（茶）のワイヤーを二つ折りにして2〜3回巻きつけ、ねじって固定して二つ折りにした部分を開き、吊り下げるための輪を作る。キンポウジュを6cm3本、7cm3本、9cm3本、11cm、27cmに切り分け、支点に向かってグルーで取り付ける。次にナンキンハゼを5cm、7cm、11cm2本、13cm、25cmに切り、グルーで取り付ける。

6 ユリのさやを長さ12cmに切り、ヒオウギを9cm2本、12cm、27cmに切り分ける。茎の先にグルーをつけ、支点に向かって挿し込み、接着する。

7 マツカサをドライアンドラの上に1つずつ配置し、グルーで接着する。トウガラシを13cmと15cmに切り分け、茎にグルーをつけて左下から挿し込んで取り付ける。2で残ったアカメヤナギの枝は、グルーでバランスよく隙間に接着する。

February

2月-A

バレンタインに
ピンクの花のミルフィーユ

パイとクリーム、フルーツを重ねた
フランス生まれのスイーツの
ミルフィーユを、ドライフラワーで表現しました。
シラカバの皮で仕切り、ひとつひとつの部屋に
花や木の実を飛び出さないように収めます。

出来上がりサイズ：15.5㎝、15.5㎝、高さ17㎝

用意するもの

［花材］

a メタセコイアの実　2個
b ダリア（濃いピンクバイカラー）　1本
c シナモンスティック　5本
d カラマツの実　4個
e シャラの実　3個
f スターチス'シースルーホワイト'　1本
g アストランチア'ローマ'　3本
h ミニバラ'リアーネ'　6個
i ヤツデの実　1本
j アジサイ'オーベルジーヌ'　1本
k リューカデンドロン'ジェイドパール'　2本
l キンポウジュ　1本
m ミニバラ'スプレーウィット'　6個

［道具など］

フローラルフォーム、シラカバの樹皮（10cm×10cmを4枚）、ピンセット、木工用接着剤、カッター、クラフト用ハサミ、グルーガン、グルースティック、グルーパッド、スクエアコンポート台（15.5cm×15.5cm×高さ6cm）、地巻きワイヤー＃28（緑）、リボン（幅7mm×100cm）

1 フローラルフォームをⓐ（5cm×5cm×2.5cm）1枚、ⓑ（5cm×5cm×2cm）3枚にカッターで切る。

2 4枚のシラカバの樹皮と1で切ったフローラルフォームを下から順に、ⓐ→シラカバの樹皮→ⓑ→シラカバの樹皮と交互に重ねながらグルーで接着する。

3 2をひっくり返して樹皮の端の中央にグルーでリボンを固定する。樹皮の上面にリボンを回して反対側の樹皮の端の中央にグルーでリボンを固定する。もう片方の面も同様にリボンを接着する。残ったリボンはとっておく。

4 3をひっくり返して、側面が整っている面を正面に決め、下側のフォームにグルーをつけてコンポート台の中央に接着する。キンポウジュを5～6cmに12本切り、茎に接着剤をつけて一番下の段に斜めに挿し込む。

5 リボンと樹皮で仕切られた部屋を1面につき6部屋と考える。花材の茎か後ろ側にグルーをつけ、①～④の写真のように花が見えるように並べ、仕切った部屋に接着する。上下左右が同じ花材にならないように注意。

6 残っているリボンで蝶結びを作り、中心にワイヤーをかけてねじって固定し、下のワイヤーを折り曲げて約1cmの脚を作る。脚にグルーをつけて上面のリボンの中心に取り付ける。リボンの周りにリューカデンドロンとアストランチアとアジサイの葉、シャラの実、ダリアをグルーで接着し、最下段のキンポウジュの左角にグルーでヤツデの実を固定する。

February

2月-B

ふわふわクルンの白いバッグ形リース

雪のイメージで白い花や葉と木の実を使った、
自然な丸みとふわっとしたバッグ形が
かわいいリース。
ワイヤープランツを束ねた土台で
空気感を表現し、
取っ手にリボンを巻いて温かな印象に。

出来上がりサイズ：
天地50cm、左右30cm、厚み10cm

用意するもの

［花材］

a シロタエギク‘ニュールック’ 2～3本
b スターチス（白） 2～3本
c リューカデンドロン‘ジェイドパール’ 1本
d ユーカリ・テトラゴナ 2本
e ワイヤープランツ（70㎝） 30本
f ベアグラス（70㎝） 23本
g ナンキンハゼ 2～3本
h チャイナニンジンボク（110㎝） 1本

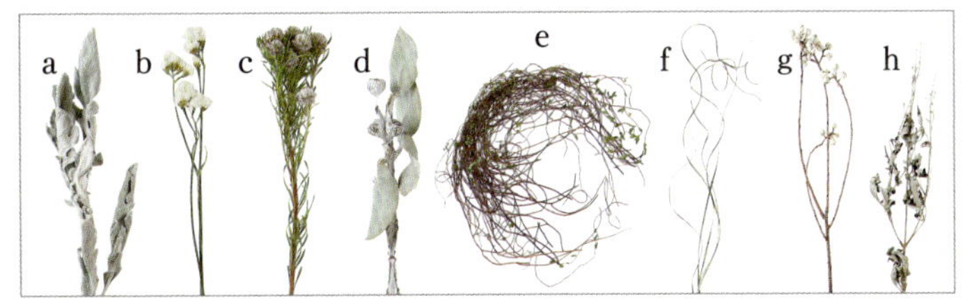

［道具など］

ツイッグロープまたは茶色の太いワイヤー（40㎝×1本）、起毛素材のリボン（グレー、幅2㎝×100㎝）、クラフト用ハサミ、グルーガン、グルースティック、グルーパッド、地巻きワイヤー＃28（茶）、スタンド（あれば）

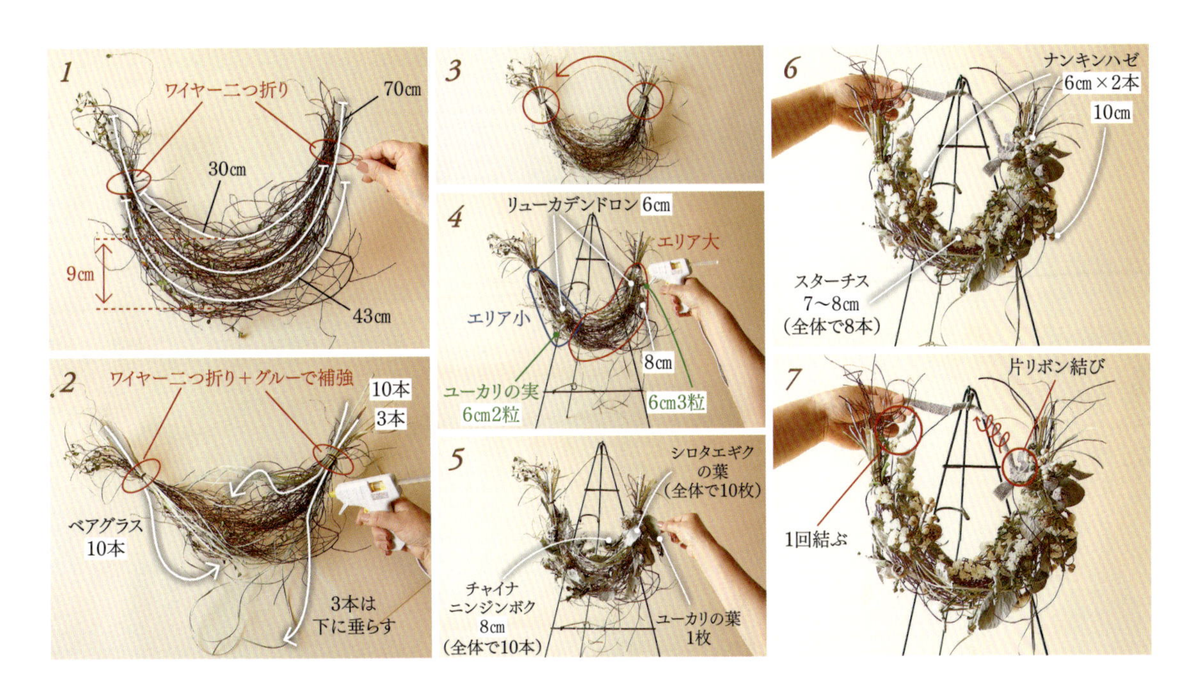

1 70㎝のワイヤープランツ30本を大まかに束ね、中心を9㎝たわませて、内側が30㎝で外側が43㎝の三日月形に整え、両端を二つ折りにしたワイヤーで2～3回巻きつけ、ねじって固定する。

2 ベアグラスを10本2組みと3本1組みに分ける。1の両端に、左右から向かい合わせに10本1組みをのせ、二つ折りにしたワイヤーで縛って固定する。1を包むようにベアグラスの先を反対側の後ろに回し、ワイヤーで縛る。右側の裏にベアグラス3本1組みをワイヤーで縛り、ワイヤーの上からグルーで補強する。

3 ツイッグロープか太いワイヤー40㎝を、左右のワイヤーで固定した部分の上に1～2回巻いてからねじって取り付け、取っ手にする。

4 エリア大の頂部に6㎝に切ったユーカリの実3粒と、6㎝と8㎝に切ったリューカデンドロンをグルーで固定する。エリア小に6㎝に切ったユーカリの実2粒と、6㎝に切ったリューカデンドロンをグルーで固定する。

5 切り分けたシロタエギクの葉10枚と、8㎝に切り分けたチャイナニンジンボク10本を、グルーをつけてワイヤープランツの中にはさみ込むようにして全体にバランスよく取り付ける。ユーカリの葉を1枚切り、グルーで右上に取り付ける。

6 スターチスを7～8㎝に8本切り分け、バランスよくあいている場所にグルーでつける。ナンキンハゼを6㎝2本と10㎝に切り分け、枝にグルーをつけて取り付ける。

7 右側の取っ手の付け根に片リボン結びでリボンを取り付け、取っ手のワイヤーにクルクルと巻きつける。左側の端でリボンを1回結んで留める。

March

3月-A

ミモザで作る
月のドロップリース

ミモザを贅沢に使った、月の形が魅力のリース。
つるのリースベースのカーブを生かして、
流れるようなラインに仕上げましょう。
マートルの実と軽やかなホップがアクセント。

出来上がりサイズ： 天地44cm、左右35cm、厚み13cm

用意するもの

［花材］

a ミモザ‘ミランドール’ 1本
b マートルの実 5本
c ホップ 5本

［道具など］

フジづるのリースベース（直径25㎝）、剪定バサミ、クラフト用ハサミ、グルーガン、グルースティック、グルーパッド、地巻きワイヤー＃26（茶）、スタンド（あれば）

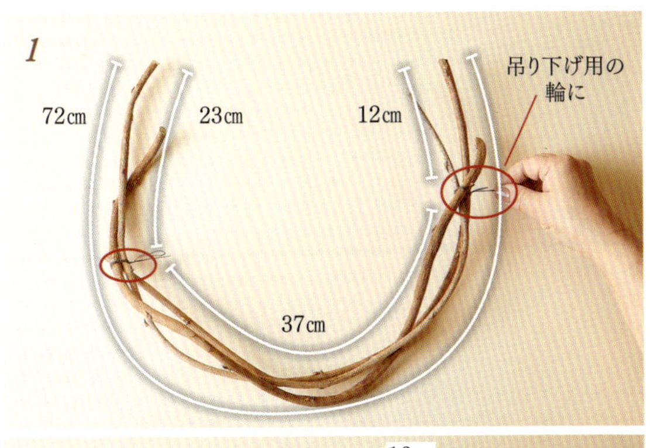

1 直径25㎝のつるのリースベースを剪定バサミで1ヶ所切り、三日月形に整える。右の端から12㎝の位置にワイヤーを二つ折りにして2～3回巻きつけて縛り、二つ折りにした部分を開いて吊り下げるための輪を作る。左の端から23㎝の位置に二つ折りにしたワイヤーを巻きつけて固定する。

2 実をつけたマートルの枝を9㎝、10㎝、11㎝、12㎝、15㎝、16㎝、17㎝、19㎝の8つのパーツに切り分ける。Ⓐを中心に19㎝以外の7本のパーツを配置し、茎の先にグルーをつけてリースのつるの間に挿し込んで取り付ける。19㎝のパーツはワイヤーを縛った中間あたりにグルーで固定する。

3 ミモザを房のまま11～17㎝のパーツ25～30本に切り分ける。上側は、Ⓐに向かって枝先にグルーをつけて2のリースベースに挿し込んで取り付ける。同様に下側もⒶに向かって流れるようにグルーでミモザのパーツを取り付ける。ミモザの葉を4～5本、あいている場所にグルーでつける。

4 ホップのつるを12㎝、13㎝、15㎝、18㎝、23㎝に切り分け、動きをつけて配置する。茎の先にグルーをつけ、リースベースの中に挿し込んで取り付ける。残ったホップの葉やミモザの花をバランスよくグルーでつける。

March

3月-B

クリスマスローズとユーカリのバスケット

こぼれるほどのクリスマスローズをバスケットに詰め込んだ、小さくても存在感のあるアレンジ。ユーカリの枝で動きを出し、白い花やふわふわの実でかわいらしさをプラスしました。

出来上がりサイズ：
天地15.5㎝、左右15.5㎝、高さ17㎝

用意するもの

［花材］

a クリスマスローズ（紫系） 20本
b セルリア‘ブラッシングブライド’ 3本
c クレマチス・シルホサの実 5本
d ハイブリッドスターチス‘フラミンゴ’ 1本
e 丸葉ユーカリ（約70㎝） 1本

［道具など］

つるのバスケット（20㎝×12㎝×17㎝）、フローラルフォーム、カッター、クラフト用ハサミ、グルーガン、グルースティック、グルーパッド、木工用接着剤

1 フローラルフォームをカッターで13×5×8㎝に切り、上面の角をカッターで面取りする。底面からバスケットの中にしっかりと入れる。

2 ユーカリを6㎝6本、20㎝、28㎝2本、30㎝に切り分ける。1のフローラルフォームの左右の面取りした側面に6㎝を各1本、前面と後ろ面に6㎝を各2本、枝に木工用接着剤をつけて挿し込んで固定する。次に28㎝2本と20㎝と30㎝の枝をフローラルフォームを包み込むように配置し、接着剤をつけて挿し込み、固定する。

3 セルリアを6㎝2本、8㎝2本、10㎝、13㎝3本、15㎝に切り分ける。枝に接着剤をつけて写真のようにユーカリの近くにそわせるように挿し込んでつける。

4 クリスマスローズを8～15㎝20本に切り分け、茎に接着剤をつけて全体にバランスよく挿し込んで取り付ける。入れにくい場合は茎にグルーをつけて接着する。

5 10㎝に切り分けたハイブリッドスターチス5本をグルーで全体に取り付ける。クレマチスの実5個をジグザグにグルーで固定する。13㎝のハイブリッドスターチスをグルーで左端に取り付け、10㎝のユーカリを手前の下側にグルーでつける。

April

4月-A

弾むようなアネモネと
ラナンキュラスのリース

アネモネやラナンキュラスなど、
春の花をたくさん集めた、
うきうきと楽しい気持ちで飾りたいリース。
黄色と青の花を全体にあしらい、
飛び出したつるや繊細な葉で
立体感のある仕上がりに。

出来上がりサイズ：天地40㎝、左右30㎝、厚み6㎝

用意するもの

[花材]

a アネモネ・コロナリア‘ポルト’ 12本
b エリンジウム‘オリオン’ 2本
c ラナンキュラス‘ティキラ’ 12本
d イモーテル 3本
e ホップ(120cm) 3本
f ゴアナクロウ 3本
g バラ‘バンビーナホワイト’ 3本

[道具など]

ツイッグロープ(1束 =180cm×8本)、クラフト用ハサミ、グルーガン、グルースティック、グルーパッド、地巻きワイヤー#28(緑)

1 ツイッグロープを1束丸めてリースベースを作る。端を25cm残して1本引き出して巻きつけて留め、直径18cmの輪になるように2周半巻く。上に7cmの吊り下げ用の輪を作って、輪の付け根で2回強く巻いて固定し、残った端は輪に巻きつけて固定する。

2 ホップを40cm3本に切り分け、½に切ったワイヤーで3~4ヶ所留めながら1のリースベースに2周くらい巻きつける。ホップを9~13cmに12本切り分け、茎にグルーをつけて矢印の向きにリースベース全体に取り付ける。

3 ゴアナクロウを12cm8本と17cm3本に切り分ける。2全体に12cm8本を茎にグルーをつけて時計回りに挿し込むようにつける。17cm3本は右下に飛び出ているロープの周りにグルーで取り付ける。

4 ラナンキュラスを7cm12本、アネモネを5cm10本に切り分ける。茎の先にグルーをつけ、ラナンキュラスとアネモネを時計回りにバランスよくリースベースに挿し込んで、グルーで取り付ける。

5 エリンジウムを7~13cmに9本、バラを9cm10本に切り分ける。茎の先にグルーをつけ、エリンジウムとバラを時計回りにバランスよくリースベースに挿し込んでグルーで取り付ける。

6 イモーテルを花房のまま茎をつけて5~6cm8本に切り分ける。茎にグルーをつけて時計回りに挿し込み、グルーで取り付ける。

7 ホップの花つきのつるを7cm2本、9cm、17cmのパーツに切り分ける。茎の先にグルーをつけて、少し飛び出すように6全体にバランスよく取り付ける。

4月-B

ユキヤナギと春の花の アイアンバスケット

アイアンの透け感を生かして、
バスケットの内側にアレンジするスタイル。
ラナンキュラスで5つのポイントを作り、
ユキヤナギで螺旋状のラインを描くように。
明るい春の花がよく似合います。

出来上がりサイズ： 直径38㎝、高さ25㎝

用意するもの

［花材］

a　八重咲きユキヤナギ（約60㎝）５本
b　エリンジウム‘オリオン’　５本
c　スイートピー（紫）　６本
d　ホワイトレースフラワー　３本
e　ラグラス‘バニーテール’　10本
f　ラナンキュラス（白）　５本
g　アネモネ・コロナリア（白）　３本
h　ユーカリ・グニー（約70㎝）　４本

［道具など］

アイアンバスケット（直径25㎝×高さ25㎝）、剪定バサミ、クラフト用ハサミ、グルーガン、グルースティック、グルーパッド、地巻きワイヤー＃28（茶）

1
❶下から1/5
❷下から2/5
❸下から3/5
❹下から4/5
❺縁の少し下、❶と❹の間

2
35㎝
ユーカリ 28㎝×5本

3
アネモネとラナンキュラス

4
ホワイトレースフラワーとエリンジウム、ユーカリの小枝

5
スイートピーのパーツ
スイートピーのパーツとラグラスを取り付ける

1　アイアンバスケットの内側に❶〜❺のエリアを設ける。下から1/5のあたりを❶とし、反時計回りで❺まで、螺旋状に60㎝のユキヤナギ5本を1本ずつ網目の間に挿し込んで絡め、動きそうなところをワイヤーで縛って固定する。

2　ユーカリを28㎝5本に切り分け、1で取り付けたユキヤナギにそって網目の間に挿し込み、グルーでバスケットの内側に取り付ける。35㎝に切ったユーカリを1の❷から❺まで、バスケットにそわせながら取り付ける。

3　アネモネを7〜12㎝に3本、ラナンキュラスを7〜16㎝5本に切り分け、各エリアにグルーで1〜2本ずつ取り付ける。

4　ホワイトレースフラワー8〜10㎝を5本、エリンジウム6〜12㎝を6本、残ったユーカリの小枝を8〜10㎝7本と15〜17㎝を3本に切り分けて、各エリアにグルーで1〜2本ずつ取り付ける。

5　スイートピーを、花を2〜3輪つけた5〜6㎝のパーツ6本と12㎝のパーツ5本を切り分ける。ラグラスを5〜6㎝7本、10㎝3本に切り分ける。それぞれを各エリアにグルーで1〜2本ずつ取り付ける。隙間に残ったユーカリの小枝をグルーでつける。

5月-A

バラとシャクヤクの
エレガントなスタンドブーケ

May

どこにでも飾りやすい、自立するブーケ。
葉がきれいなピスタキアを土台に、
バラとシャクヤクのピンクから紫色への
グラデーションが魅力です。
小さな実がかわいいナズナで、
リズム感を出して。

出来上がりサイズ：
左右30㎝、奥行き30㎝、
高さ30㎝

用意するもの

［花材］

a オレガノ‘ケントビューティー’ 15本
b バラ‘インフューズドピンク’ 7本
c ガーベラ‘イギー’ 3本
d シャクヤク‘華燭（かしょく）の典’ 3本
e ワックスフラワー‘ダンシングクイーン’ 2本
f ピスタキア（42cm以上） 7本
g バラ‘プライムチャーム’ 5本
h ユウギリソウ（紫） 4〜5本
i 西洋ナズナ 5本
j バラ‘スパークリンググラフィティ’ 3本

［道具など］

剪定バサミ、クラフト用ハサミ、グルーガン、グルースティック、グルーパッド、地巻きワイヤー＃28（緑）、リボン（ピンク、幅3cm×長さ100cm）

1 ピスタキア3本を42cmに切り、下側½の葉を取る。中心（Ⓐ）に二つ折りにしたワイヤーを巻きつけてしっかり固定し、高さが30cmになるように調整する。ワイヤーの上からグルーをたっぷりつけて動かないように固定する。

2 シャクヤクを27cm 2本と30cmに切り、Ⓐの外側から二つ折りにしたワイヤーを巻きつけて固定し、さらにグルーで補強する。ピスタキアを10〜15cmに7本切り、枝にグルーをつけてⒶに向かって放射状に取り付ける。シャクヤクの花の近くに7〜10cmに切ったシャクヤクの葉をグルーで取り付ける。

3 プライムチャームを10cm 2本、12cm、13cm、18cmに切り、枝にグルーをつけてⒶに向かって放射状に取り付ける。インフューズドピンクを8cm、10cm 2本、12cm、15cm、18cmに切り、同様にグルーで取り付ける。

4 スパークリンググラフィティを3〜4輪の花房つきで13cm 2本、14cm、15cm 2本に切り、枝にグルーをつけてⒶに向かって放射状に取り付ける。

5 ガーベラを9cm、13cm、14cmに切り、茎にグルーをつけてⒶに向かって放射状に取り付ける。ユウギリソウを8cm、10cm、11cm、12cmに切り、同様にグルーで取り付ける。

6 オレガノを花房つきのまま10〜13cm 11本に切り分け、茎にグルーをつけて外側のエリアに、中心に向かって放射状に取り付ける。

7 ワックスフラワーを12cm、14cm 2本、18cm 3本に切り分け、茎にグルーをつけて中心に向かって放射状に取り付ける。西洋ナズナを花房つきのまま17〜20cm 13本に切り分け、同様に放射状に取り付ける。ちょっと飛び出すくらいがかわいい。

8 1で残ったピスタキアを10〜13cm 7本に切り分け、茎にグルーをつけて中心部のあいているところに、中心に向かって放射状に取り付ける。下側にシャクヤクの葉を2〜3枚、グルーで取り付ける。リボンをリボン結びにして中心をワイヤーで縛って後ろで折り曲げ、4cmの脚を作る。脚にグルーをつけて下側につける。

May

5月-B

ピンクの花を束ねた
ブーケリース

ブーケとリースのよさを兼ね備えた、
軽やかで遊び心のあるデザインです。
繊細なベアグラスをベースに、
葉にフリルのあるアイビーを絡ませました。
ピンクのバラや草花を立体的に束ねて。

出来上がりサイズ： 天地40㎝、左右30㎝、厚み15㎝

用意するもの

［花材］

a　スターチス‘HANABI’　1本
b　ハイブリッドスターチス‘カスピア’　1本
c　アイビー‘パーサリー’（70㎝）　3本
d　ベアグラス（80㎝）　30本
e　セルリア‘プリティーピンク’　5本
f　バラ‘ヘルモサ’　7本

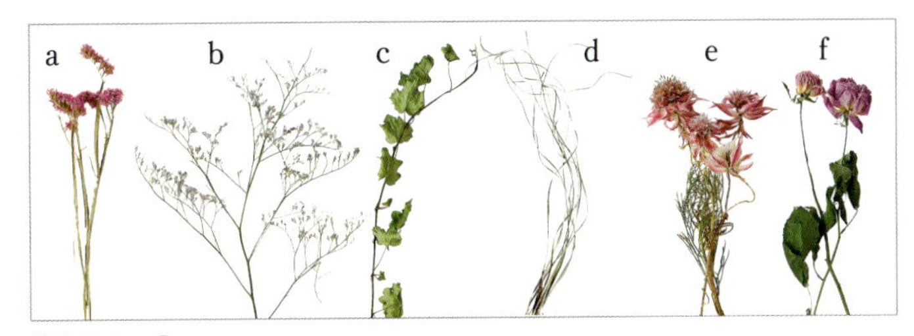

［道具など］

クラフト用ハサミ、グルーガン、グルースティック、グルーパッド、地巻きワイヤー＃28（緑）、スタンド（あれば）

1　80㎝のベアグラス30本を揃えて持ち、直径18㎝の輪を作る。根元側から12㎝の位置と、その向かい側の2ヶ所にワイヤーを二つ折りにして2〜3回巻きつけ、ねじって固定する。ワイヤーで固定した2点の中間の位置でベアグラスの束の½を拾って二つ折りにしたワイヤーを巻きつけ、吊り下げ用の輪を作る。

2　70㎝のアイビーをベアグラスの上からワイヤーを巻きつけて固定する。27㎝に切ったアイビーを右側のワイヤー留めした位置にグルーで取り付ける。

3　アイビーの葉をつけたつるを6㎝3本、11㎝2本、13㎝、17㎝に切り分ける。6㎝1本をエリアBにグルーで取り付け、残りはエリアAに写真のように取り付ける。

4　バラを5㎝と8㎝、セルリアを6㎝に切り分け、エリアBにグルーで取り付ける。次にバラを10㎝、11㎝3本、17㎝に切り分け、セルリアを5㎝、7㎝、8㎝、17㎝に切り分け、エリアAにグルーで取り付ける。

5　スターチスを8㎝3本、14㎝、15㎝に切り分け、写真のようにエリアAにグルーで取り付ける。

6　ハイブリッドスターチスを5㎝2本と10㎝に切り分け、写真のようにエリアBにグルーで取り付ける。同様に10㎝3本、15㎝、20㎝に切り分け、エリアAにグルーで取り付ける。残ったアイビーの葉を隙間にグルーで接着する。

June

6月-A

青と紫のアジサイの
スクエアアレンジ

青いアンティークの皿に、
さわやかな青と紫の
花のグラデーションでまとめました。
隙間を作らず、花と花で支え合うため、
湿気で崩れにくいのも魅力。
皿の模様を少し見せるのがポイントです。

出来上がりサイズ：
左右21.5㎝、奥行き21.5㎝、高さ13㎝

用意するもの

［花材］

a アゲラタム‘トップブルー’ 2本
b ガクアジサイ（青） 1本
c ダリア（紫） 3本
d アジサイ‘オーベルジーヌ’ 2本
e アジサイ（紫） 2本
f アジサイ（濃いブルー） 1本
g ユーカリ・ポポラス（つぼみつき） 1本

［道具など］

四角い皿（21.5cm×21.5cm×4cm）、フローラルフォーム、カッター、クラフト用ハサミ、剪定バサミ、ピンセット、グルーガン、グルースティック、グルーパッド、木工用接着剤

1 フローラルフォームをカッターで7.5×7.5×3cmに切り、上面の角をカッターで面取りする。底面にグルーをつけて皿の中央に固定する。

2 ユーカリを10cm12本に切り分ける。1のフローラルフォームの側面に各3本を、枝に木工用接着剤をつけて斜めに挿し込んで固定する。

3 紫のアジサイを10～11cmの花房6本に切り分け、枝に接着剤をつけて写真のように挿す。次に青いガクアジサイを8～9cmの花房3本に、オーベルジーヌを5～6cmの花房5本に、濃いブルーのアジサイを6～9cmの花房5本に切り分ける。枝にグルーをつけてピンセットで取り付ける。

4 ダリアを10cm3本に切り分け、不等辺三角形にグルーで取り付ける。紫のアジサイを10～11cmの花房2本に、オーベルジーヌを5～6cmの花房4本に、濃いブルーのアジサイを6～9cmの花房1本に切り分け、バランスよく不等辺三角形に挿し込んでグルーでつける。アジサイの葉を3枚、茎にグルーをつけて接着する。

5 9cm3本と10cm2本に切り分けたアゲラタムをバランスよくグルーで取り付ける。つぼみつきのユーカリ12cm4本を挿し込み、ちょっと飛び出すようにグルーでつける。

6月-B

アジサイとピンクの花の
ワイヤーバスケット

ワイヤーを張った角形バスケットの中に
花束を挿し込み、空間を生かしたデザイン。
テーブルや台の上に置くだけでなく、
取っ手に引っ掛けて壁にも飾れます。
シャビーな花色を選び、花穂の先端で動きを出して。

出来上がりサイズ： 左右50㎝、奥行き20㎝、高さ18㎝

用意するもの

［花材］

a アジサイ（ピンク～緑）　3本
b シロタエギク‘シルバーダスト’　2本
c シルバーキャット　2本
d ダリア‘マルガリータ’　4本
e ライスフラワー（ピンク）　3本

［道具など］

ワイヤーバスケット（30㎝×11㎝×9㎝）、剪定バサミ、クラフト用ハサミ、グルーガン、グルースティック、グルーパッド、地巻きワイヤー＃28（茶）、ワイヤー入りリボン（茶色、幅4㎝×長さ100㎝）

1 ワイヤーバスケットの中にシロタエギク30㎝とアジサイ30㎝と22㎝を入れ、茎を右側面の同じ穴から10㎝くらい出す。3本の茎を二つ折りにしたワイヤーで縛って固定する。シロタエギク30㎝の茎にグルーをつけ、写真を参考にバスケットの中のシロタエギクの茎に固定する。

2 直径6㎝のアジサイの花房を2つ切り分け、1の左上と右下のあいているところに入れる。

3 ダリアを12㎝、13㎝、16㎝、19㎝に切り分け、ジグザグにグルーで取り付ける。

4 シルバーキャットを15㎝、18㎝、23㎝、25㎝、30㎝に切り分けて、茎にグルーをつけて花穂の先端を遊ばせるようにバランスよく取り付ける。

5 リボンをリボン結びにして中心をワイヤーで縛り、下側のワイヤーを折り曲げて3～4㎝の脚を作り、グルーをつけて右側に取り付ける。ライスフラワーを10㎝3本、15㎝4本、22㎝に切り分け、茎にグルーをつけて全体にバランスよくつける。あいているところにシロタエギクの葉をグルーで取り付ける。

7月-A

ブルーと黄色の花の グラスアレンジ

グラスの中を花で埋め尽くし、
上にもこんもりと花を生けた、
ドライフラワーならではのアレンジです。
丸いフォルムの花を集めた立体的なデザイン。
ユーカリの葉の流れに、初夏の風を感じます。

出来上がりサイズ：左右26㎝、奥行き15㎝、高さ26㎝

用意するもの

［花材］

a ルリタマアザミ‘ベッチーズブルー’ 15本
b ヒマワリ‘サンリッチ ライチ’ 3本
c スプレーマム‘カリメロスノー’ 2本
d ニゲラ‘ミスジーキル ホワイト’ 18本
e クラスペディア 5本
f デルフィニウム（ライトブルー） 3本
g ユーカリ・ニコリー 2本

［道具など］

筒形のガラス花器（直径8cm×高さ14.5cm）、クラフト用ハサミ、剪定バサミ、ハーバリウム用ピンセット、グルーガン、グルースティック、グルーパッド

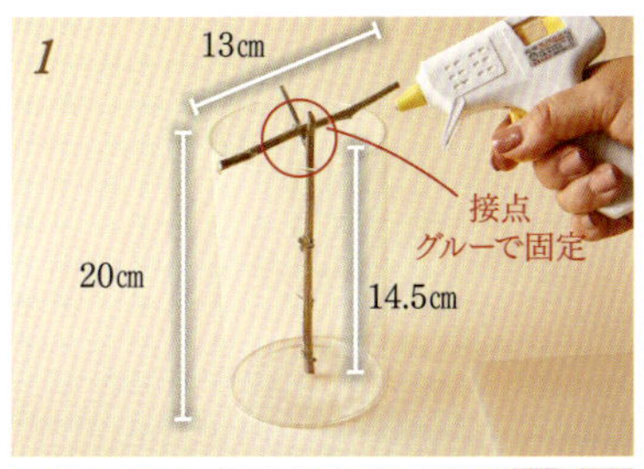

6 ニゲラ 放射状に

1 ルリタマアザミの茎を13cmと、14.5cmの位置にY字の股をつけて20cmに切る。Y字のほうをガラス花器の中央に入れて13cmのほうを横に渡し、接点をグルーで固定する。

2 1の中にユーカリ5cm5本、デルフィニウムの花5個、ルリタマアザミの花5個、スプレーマムの花つきの茎2cm6本、ニゲラの花5個を順に3回繰り返して入れ、最後にユーカリを入れる。ハーバリウム用ピンセットを使うと入れやすい。

3 30cmに切ったユーカリの枝をY字の股にグルーで固定する。枝の先端が少し下がるようにする。9〜13cmに切ったユーカリの枝18本をY字の股のところにグルーで放射状に取り付ける。

4 ヒマワリを7cm、9cm、10cmに切り、3の股のユーカリの隙間に放射状にグルーでつける。次にルリタマアザミを7cm2本、13cm、15cmに切り分けて同様にグルーでつけ、クラスペディア6cm、8cm、10cm2本、12cmをグルーでつける。

5 スプレーマムを7cm、8cm2本、9cm4本、10cm2本、12cmに切り分け、グルーで放射状につける。デルフィニウムを8cm3本、10cm、12cmに切り分け、同様にグルーでバランスよく取り付ける。

6 ニゲラを8cm2本、10cm7本に切り分け、グルーで放射状に取り付ける。残ったデルフィニウムを切り分けて隙間に取り付ける。

July

7月-B

アナベルとシャクヤクを
サラダボウルに

普段使いの食器にドライフラワーを飾ると、
いつものテーブルが華やいでおしゃれな印象に。
大きめのサラダボウルに野菜を盛りつけるように、
こんもりと花をアレンジして楽しみましょう。

出来上がりサイズ： 直径27㎝、高さ25㎝

用意するもの

［花材］

a シャクヤク‘白雪姫’ 2本
b アメリカノリノキ‘アナベル’ 2本
c セルリア‘プリティーピンク’ 2本
d ライスフラワー（白） 3本
e リューカデンドロン‘ピサ’ 3～4本
f リューカデンドロン‘ジェイドパール’ 2本
g ゴアナクロウ（約60㎝） 5本

［道具など］

サラダボウル（直径21㎝×高さ11㎝）、地巻きワイヤー＃26（緑）、フローラルフォーム、カッター、剪定バサミ、ピンセット、クラフト用ハサミ、グルーガン、グルースティック、グルーパッド、木工用接着剤

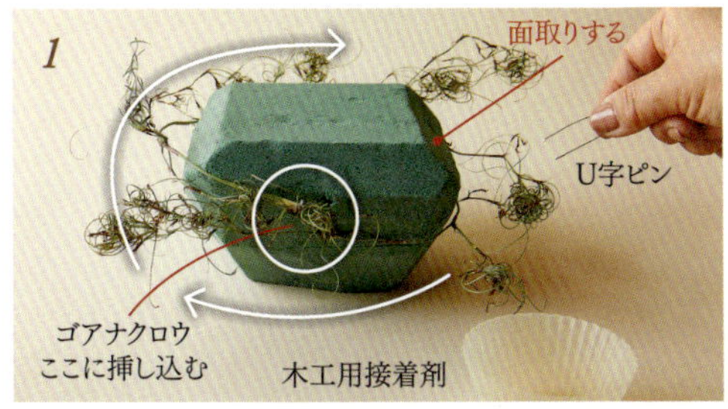

1 フローラルフォームをカッターで13×13×8.5㎝に切り、ボウルの内側の大きさに合わせて円錐形にする。上面の角をカッターで面取りする。ワイヤーを1/6に切ってUピンを作る。ゴアナクロウ10㎝20本の下側に木工用接着剤をつけてフローラルフォームに挿し込み、Uピンで固定して周囲に巻きつける。

2 1を底面からボウルの中に入れる。ゴアナクロウを10㎝10本に切り分け、ボウルの隙間を隠すように、接着剤をつけてフォームの上側の周囲に斜めに挿し込む。

3 シャクヤクを花から茎まで12㎝と15㎝に切り、花を外側に向けて写真のように接着剤をつけて2に挿し込む。アナベルは茎を5～6㎝つけた直径10㎝の花房のパーツ3本に切り分け、接着剤をつけて不等辺三角形の位置に取り付ける。

4 ピサを12㎝、14㎝、16㎝2本に切り分け、下側からバランスよく挿し込んで接着剤でつける。次にライスフラワーを8㎝、9㎝2本、14㎝に切り、ジェイドパールを12㎝2本、16㎝、セルリアを10㎝、12㎝、14㎝、18㎝に切り分け、同じ花が隣り合わないように接着剤をつけて挿し込んで固定する。

5 残りのゴアナクロウを10～15㎝10本に切り分け、グルーをつけてピンセットで斜めに挿し込んで取り付ける。隙間にピサの葉をグルーでつける。

August

8月-A

グリーンと白い花の さわやかスワッグ

暑い時期に飾りたい、明るくさわやかな
色合いの花や葉の組み合わせ。
湿気が苦手なドライフラワーの中でも
退色しにくいものを選び、
型崩れしにくいスワッグに仕立てました。

出来上がりサイズ： 天地40㎝、左右30㎝、厚み14㎝

用意するもの

［花材］

a ドライアンドラ・クエルシフォリア（36㎝以上） 1本
b 丸葉ユーカリ（50㎝） 4本
c ルナリアの実 3本
d エリンジウム'シリウス' 3本
e イモーテル 3本
f バラ'エクレール' 3本

［道具など］

リボン（ブルー、幅5㎝×長さ80㎝）、剪定バサミ、クラフト用ハサミ、グルーガン、グルースティック、グルーパッド、地巻きワイヤー＃26（緑）と＃28（緑）

1 50㎝のユーカリ2本を揃えて束ね、＃28のワイヤーを二つ折りにして下から7〜8㎝の位置に2〜3回巻きつけ、ねじって固定する。

2 ユーカリを32㎝、23㎝3本に切り分け、1の上に束ねる。その上に32㎝と23㎝に切ったエリンジウム、17㎝、20㎝、30㎝に切ったイモーテルを重ね、下から7〜8㎝のところに＃28のワイヤーを二つ折りにして2〜3回巻きつけ、ねじってしっかり固定する。

3 ドライアンドラを花の先から茎までの長さ15㎝と、葉をつけた茎21㎝に切り分ける。花を左手前に、葉を右奥に、ほぼ直角に配置して＃26のワイヤーを二つ折りにして2といっしょに2〜3回巻きつけ、ねじって固定する。ワイヤーの輪を開いて吊り下げ用の輪を作る。

4 3の上下をひっくり返して置き、上側のエリアにユーカリ10㎝と18㎝2本を枝にグルーをつけて挿し込むように取り付ける。次にエリンジウム 10㎝、12㎝、13㎝、イモーテル10㎝を同様にグルーでつける。

5 バラを9㎝、10㎝、15㎝、16㎝、25㎝に切り分け、矢印に向かってグルーで取り付ける。

6 実をつけたルナリアを8㎝、10㎝2本、13㎝、22㎝に切り分け、矢印に向かって挿し込み、グルーで接着する。ワイヤーの上からリボンを1周巻いてから、片リボン結びにする。

August

8月-B

ユーカリと白い花の
プレートリース

カラープレートとガラス皿の間に、
2種類のユーカリと白い花のリースを挟み込み、
夏らしいスタイルに。
ガラスの上にキャンドルを置いたり、
アクセサリートレイとして使っても素敵です。

出来上がりサイズ： 直径27㎝、厚み5.5㎝

用意するもの

［花材］

a　ユーカリ・テトラゴナ　2〜3本
b　ユーカリ・エキゾチカ（実つき）　1本
c　エバーラスティング　7本
d　フランネルフラワー‘ファンシーマリエ’　2本

［道具など］

カラープレート（直径27㎝×高さ2.5㎝）、ガラス皿（直径22.5㎝×高さ2㎝）、
ツイッグロープ（1束＝100㎝×7本）、剪定バサミ、クラフト用ハサミ、
グルーガン、グルースティック、グルーパッド

1　ツイッグロープ1束を丸めて直径17㎝の輪にし、両端を輪に巻きつけてまとめ、リースベースを作る。ユーカリ・テトラゴナを実や葉をつけて10㎝3本に切り分ける。実や葉をリースベースに挟み込んで平らになるように取り付け、グルーで不等辺三角形の位置に接着する。

2　ユーカリ・テトラゴナの8〜9㎝の葉を3枚切り、1で取り付けたパーツの間にグルーで取り付ける。

3　エバーラスティングを7㎝7本に切り分け、2の実や葉の間にグルーで取り付ける。次にフランネルフラワーの花を8〜9㎝7本に切り分け、重ならないようにグルーでつけ、フランネルフラワーの葉とつぼみを8個切ってあいているところにグルーで取り付ける。

4　ユーカリ・エキゾチカの実つきの枝を10㎝に10本切り分け、3の空いているところにグルーをつけて挿し込んで取り付ける。リースの外側→内側とジグザグにつけていく。グルーが乾いたら上にガラス皿を置く。

9月-A

ニュアンスカラーの オーバルリース

フジのつるを使った、
秋らしい空気感の2ポイントリースです。
アンティークカラーのバラや
ほんのりと色づいたミナヅキをちりばめ、
ちょっと飛び出したワイヤープランツで
優しい印象に。

出来上がりサイズ：
天地36㎝、左右28㎝、厚み13㎝

用意するもの

［花材］

a セルリア‘ブラッシングブライド’(白) 1本
b セルリア‘プリティーピンク’(ピンク) 1本
c バラ‘ブルーグラビティ’ 3本
d ジニア‘クイーンレッドライム 5本
e ニゲラの実‘ブラックポッド’ 10本
f ノリウツギ‘ミナヅキ’ 1本
g ワイヤープランツ 10〜12本
h ヤマボウシ(白花種) 3〜4本

［道具など］

フジのつる3〜4本、剪定バサミ、クラフト用ハサミ、グルーガン、グルースティック、グルーパッド、地巻きワイヤー＃26(茶)と＃28(茶)、スタンド(あれば)

1 フジのつるを5〜6回巻いて、天地33cm、左右25cmの楕円形に整える。左斜め上と右斜め下に二つ折りにした＃28のワイヤーを巻きつけて縛り、固定する。上の中央に＃26のワイヤーを二つ折りにして2〜3回巻きつけて縛り、二つ折りにした部分を開いて吊り下げるための輪を作る。

2 1でワイヤーを固定した2点をⒶ、Ⓑとする。Ⓐに切り分けたセルリア(白)を8cm2本と9cm、バラ9cm2本を、グルーを茎につけて取り付ける。Ⓑにバラ6cmとセルリア(ピンク)6cm3本をグルーで取り付ける。このときⒶ、Ⓑから矢印の向きに接着し、ワイヤーは花材で隠れるようにする。

3 ヤマボウシを7〜18cm7本のパーツに切り分ける。Ⓐから上下に向かって枝の先にグルーをつけて3のリースベースに挿し込んで取り付ける。同様にⒷにも上下に流れるように6〜17cmのヤマボウシ6本をグルーで取り付ける。

4 ミナヅキを房ごと4〜6cmのパーツ13個に切り分ける。Ⓐの上下に8個、Ⓑの上下に5個をグルーで取り付ける。このとき、ⒶとⒷの近くには大きめの花房をつけ、Ⓐ、Ⓑから離れた位置には小さめの花房をつける。

5 ジニアを6cm、7cm2本、8cm、9cmに切り分ける。Ⓐ側に7cm、8cm、9cmを矢印の向きにグルーで取り付ける。Ⓑ側には6cmと7cmを矢印の向きにグルーでつける。

6 ニゲラを7cm、8cm、10cmに切り分け、茎に＃28のワイヤーを巻きつけたパーツを2つ作る。Ⓐの下から茎にグルーをつけてパーツを取り付ける。Ⓐの上側に矢印の向きで12cmと15cmのニゲラをグルーでつける。Ⓑ側に矢印の向きで9cmと12cmのニゲラを同様に取り付ける。

7 ワイヤープランツを25〜26cm6本に切り分け、Ⓐから矢印の向きにグルーをつけて挿し込むようにつける。同様に17〜18cmに6本切り、Ⓑから矢印の向きにグルーでつける。隙間があれば残ったヤマボウシの花とバラの葉をグルーでつける。

9月-B

バーガンディーの
ホリゾンタル

横に長く、水平に構成したスタイルのアレンジメント。
プロテアとバラの花をポイントに、
深みのある赤紫色の花や葉を合わせました。
シルバーリーフと木の実を加えて秋らしいイメージに。

出来上がりサイズ： 天地20㎝、左右50㎝、厚み約12.5㎝

September

用意するもの

［花材］

a バラ‘ブルーグラビティ’ 3本
b リューカデンドロン‘ジェイドパール’ 4本
c リューカデンドロン‘サファリサンセット’（40㎝以上） 4本
d プロテア‘ロビン’ 1本
e ノイバラの実 3本
f アストランチア‘ローマ’ 3本
g セロシア‘ルビーパフェ’ 5本
h 銀葉グミ 2本

［道具など］

剪定バサミ、クラフト用ハサミ、グルーガン、グルースティック、グルーパッド、地巻きワイヤー＃28（緑）

1 40㎝のサファリサンセット2本を互い違いに全長50㎝に束ねて、水平に置く。30㎝の銀葉グミ2本を互い違いに全長40㎝に束ねて左斜め上に置き、20㎝の銀葉グミ2本を互い違いに全長30㎝に束ねて右斜め上に置く。ワイヤーを二つ折りにして中央に2〜3回巻きつけ、ねじって固定する。ワイヤーの輪を開いて吊り下げ用の輪を作る。中央にグルーをつけて補強する。

2 プロテアを10㎝に切り、バラを9㎝3本に切る。茎にグルーをつけて1の中央に斜め上に放射状に取り付ける。

3 サファリサンセットを花の先から茎までの長さ12㎝と14㎝、葉をつけた茎9㎝と11㎝に切り分ける。茎にグルーをつけて、花を左手前と右手前に、葉を上と下に挿し込むように取り付ける。

4 ジェイドパールを8㎝3本、7㎝3本に切り、それぞれ3本まとめて中央のバラの左右に茎にグルーをつけて取り付ける。セロシアを6〜18㎝10本に切り、茎にグルーをつけて中心に向かって挿し込むように取り付ける。

5 アストランチアを8㎝、10㎝、14㎝に切り分け、ノイバラの実を8㎝2本、13㎝2本に切り分け、中心に向かって挿し込むようにグルーで取り付ける。

6 銀葉グミの葉を12〜13枚切り、グルーをつけてあいているところに中心に向かって取り付ける。

October

10月-A

ハロウィンの
ケーキ型アレンジ

オレンジ色をテーマカラーに、
ハロウィンのイメージで
ケーキ型に花や実を詰め込みました。
裏側がオレンジ色のグレビレアの葉を、
くるっと丸めて遊び心をプラス。
黒や紫の花材もアクセントに。

出来上がりサイズ： 直径23㎝、高さ15㎝

用意するもの

［花材］

a ピンクッション‘サクセション’ 2本
b バラ‘ミルナ’ 3本
c ユーカリ・アンバーナッツ 4本
d プロテア‘ブレンダ’ 1本
e ヒペリカム‘ココカジノ’ 2本
f グレビレア‘ゴールド’の葉
（20〜25cm） 5枚

［道具など］

ケーキ型（直径18.5cm × 高さ7cm）、フローラルフォーム、カッター、剪定バサミ、ピンセット、クラフト用ハサミ、グルーガン、グルースティック、グルーパッド、木工用接着剤

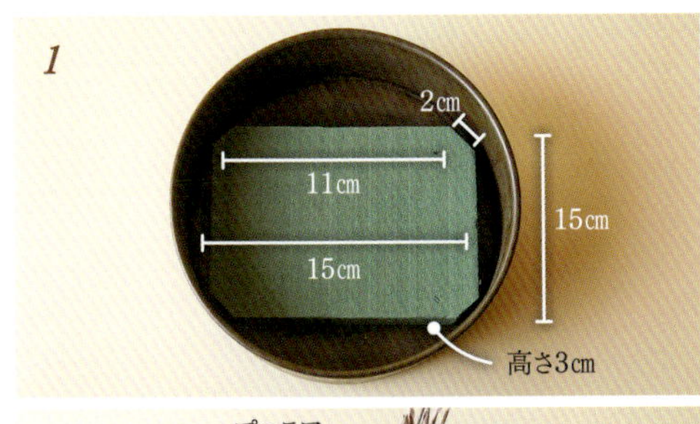

1 フローラルフォームをカッターで15×15×3cmに切る。上面の角をカッターで2cmずつ落とし、底面にグルーをつけてケーキ型の中央に固定する。

2 プロテアの葉を3〜4枚つけて花の先から枝まで15cmに切り、枝に接着剤をつけて右から左にフォームに挿し込んで取り付ける。グレビレアの葉をくるっと丸めて、高さ10cm、左右約8cmの中央に穴をあけて挿し込み、パーツを5個作る。パーツの底面にグルーをつけ、プロテアを囲むように取り付ける。

3 ピンクッションを11cmと15cmに切り、2の中央に11cmのほうを、右側のプロテアの近くに15cmのほうを、接着剤をつけてフォームに挿し込む。バラを11cm2本と12cmに切り、中心のピンクッションを囲むように不等辺三角形に接着剤をつけて挿し込む。

4 ヒペリカムを房のまま、実から枝まで11cmと13cm2本に切る。接着剤をつけて、実を外側に向けて写真のように不等辺三角形に3へ挿し込む。残ったヒペリカムは枝をつけた3〜9cmのパーツ10本に切り分け、接着剤をつけて全体にバランスよく取り付ける。

5 アンバーナッツは、実をつけた枝ごと8cm2本、9cm4本、13cmに切り分け、あいているところにバランスよく挿し込み、グルーをつけて固定する。

October

10月-B

木の実と枝の
ツイギーリース

秋の森の中に木枯らしが吹き込んでいるイメージで、
細い小枝をたくさん使ったリースです。
枝の間に大きさや形が違う木の実や穂、
軽やかな葉を入れると、躍動感が生まれます。

出来上がりサイズ： 天地45㎝、左右40㎝、厚み15㎝

用意するもの

［花材］

a　花オクラの実　4本
b　シランの実　3本
c　ストローブマツの実　1個
d　モミジバフウの実　3本
e　グレビレア‘ゴールド’の葉　12枚
f　シラカバの枝(大)　5本
g　ヤシャブシの枝(実つき)　20本
h　ヒエ‘フレイクチョコラータ’　5本

［道具など］

つるのリースベース(直径18㎝)、剪定バサミ、クラフト用ハサミ、グルーガン、グルースティック、グルーパッド、地巻きワイヤー＃26(茶)、スタンド(あれば)

1　直径18㎝のつるのリースベースに、ワイヤーを二つ折りにして2〜3回巻きつけ、ねじって固定する。二つ折りにした部分を開き、吊り下げるための輪を作る。シラカバの太めの枝を8〜10㎝15本を斜めに切り、グルーをつけてリースベースの内側、中央、外側の順にずらしてグルーで接着する。

2　シラカバの細い枝を20㎝30本に切り、枝の下側にグルーをつけて1のリースベースに挿し込むように取り付ける。ヤシャブシの枝を15〜16㎝20本に切り、シラカバの枝の間にグルーで取り付ける。

3　2の左上にストローブマツの実を配置し、ワイヤーをカサの間に通してリースに数回巻きつけ、裏側で数回ねじって固定する。

4　グレビレアの葉を15㎝に21枚切り、茎にグルーをつけてリースベースに挿し込んで取り付ける。下側に18〜20㎝3枚をグルーでつける。

5　モミジバフウの実に5㎝のシラカバの小枝をグルーで取り付けたパーツを3個作る。4の右下に、このパーツをグルーで不等辺三角形の位置に取り付ける。

6　ヒエを15〜20㎝に5本切り、上中央に3本、下中央に2本、挿し込むようにグルーで取り付ける。上の内側に花オクラ10㎝3本をグルーで固定する。シランの実を10㎝2本と14㎝に切り、右下にグルーで不等辺三角形になるように取り付ける。

November

11月-A

ハーフムーンのシックな秋色スワッグ

ヤシャブシの枝の自然にしなる
枝ぶりを生かして、
半月形のスワッグに。
レモンリーフとオレンジ色の花、
木の実をちりばめて、
ふわっとした質感と
じんわり温かいイメージにまとめて。

出来上がりサイズ：
天地45㎝、左右18㎝、厚み10㎝

用意するもの

［花材］

a レモンリーフ（30㎝以上） 7本
b コウヨウザンの実 2個
c マリーゴールド‘ディスカバリーイエロー’ 5本
d リューカデンドロン‘ピサ’ 4本
e ドライアンドラ・フォルモーサ 2本
f ヤシャブシの実つきの枝（60㎝以上） 5本
g フィリカ・プベッセンス‘ワフトフェザー’ 5本
h ケイトウ‘センチュリーファイヤー’ 1本
i ツルウメモドキの実つきの枝 3本

［道具など］

剪定バサミ、クラフト用ハサミ、グルーガン、グルースティック、グルーパッド、地巻きワイヤー＃28（茶）

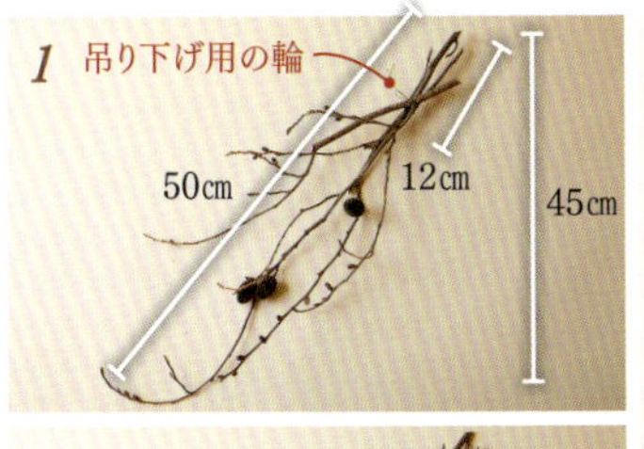

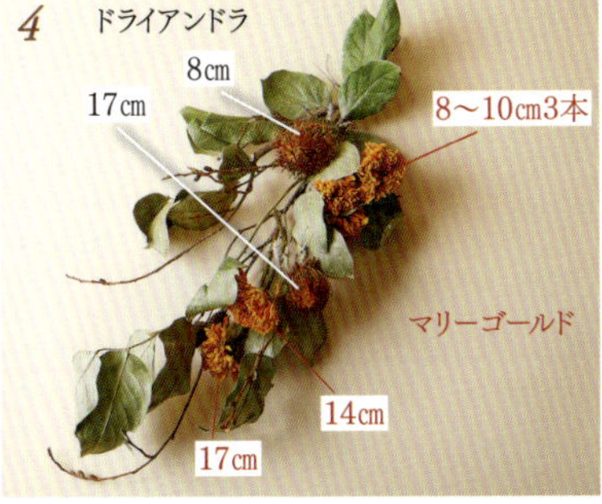

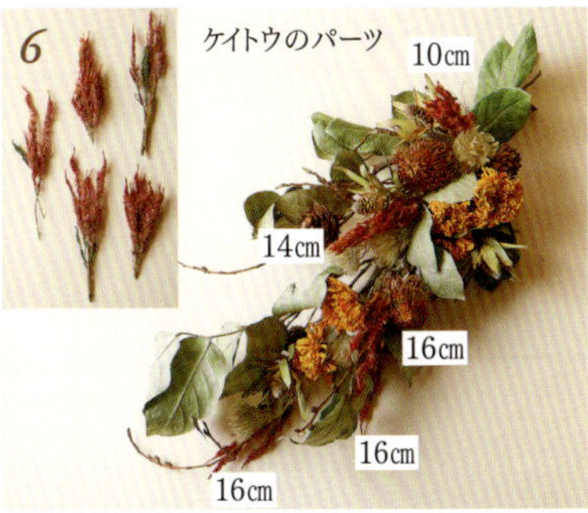

1 50㎝のヤシャブシの枝5本を揃えて束ね、枝のしなりを利用して高さ45㎝の半月形に整える。ワイヤーを二つ折りにして、根元から12㎝の位置に2〜3回巻きつけ、ねじって固定する。ワイヤーの輪を開いて吊り下げ用の輪を作る。

2 レモンリーフを30㎝2本に切り分け、1の先端から少し下げた位置で上に束ねる。ワイヤーを二つ折りにして2〜3回巻きつけ、ねじってしっかり固定する。

3 レモンリーフを12㎝、15㎝3本、30㎝に切り分ける。12㎝はグルーを枝につけてワイヤーで縛った上から下向きに取り付ける。ほかの4本は枝にグルーをつけて上向きに挿し込むように取り付ける。

4 ドライアンドラを8㎝と17㎝に切り、写真のように角度をつけて茎にグルーをつけて取り付ける。マリーゴールドを8〜10㎝3本と14㎝、17㎝に切り分け、グルーで挿し込むようにつける。

5 フィリカを5㎝、10㎝、14㎝3本に切り分けて、茎にグルーをつけて取り付ける。リューカデンドロンを8㎝、10㎝3本に切り、同様に取り付ける。コウヨウザンの実2個の下側にグルーをつけて、写真のように固定する。

6 ケイトウを花房で切り分け、10㎝、14㎝、16㎝3本のパーツを作る。上に向かって挿し込むようにグルーで取り付ける。

7 ツルウメモドキを10㎝3本、17㎝に切り分け、上に向かって挿し込み、グルーで接着する。あいているところにドライアンドラの葉とレモンリーフをグルーで足し入れる。

11月-B

パープルの花と葉の
フレームアレンジ

壁にかけた絵画を思わせるデザイン。
フレームの一点から
花束が飛び出てくるように、
紫色のグラデーションを意識して
立体的に仕上げています。
深まる秋の気配を感じて。

出来上がりサイズ：
天地48㎝、左右36㎝、厚み15㎝

用意するもの

［花材］

a ラナンキュラス（紫） 4本
b ラナンキュラス‘ロシェル’ 5本
c セイヨウニンジンボク‘プルプレア’ 5本
d ワックスフラワー‘ダンシングクイーン’ 4本
e アジサイ‘オーベルジーヌ’ 1本
f 丸葉ユーカリ（約70㎝） 1本

［道具など］

木枠（25.5㎝×34.5㎝×2㎝）、リボン（グレー、幅0.7㎝×70㎝）、クラフト用ハサミ、グルーガン、グルースティック、グルーパッド、地巻きワイヤー＃28（茶）、スタンド（あれば）

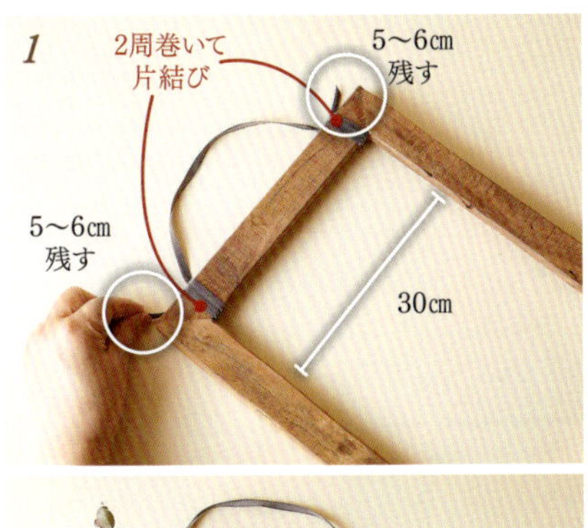

1 70㎝のリボンを端を5〜6㎝残してフレームの右上で2周巻いて片結びし、30㎝たわませて左上でまた2周巻いて片結びし、端を5〜6㎝残して切る。リボンのたわませた部分が吊るすところになる。

2 ユーカリの枝を広げてフレームの右下の角に置き、右角、左下、右上の3点を二つ折りにしたワイヤーで縛って固定する。ワイヤーの端はフレームの裏側に隠す。右下の角から飛び出した枝を6㎝残して切り、太い枝の内側をグルーでフレームに接着して補強する。

3 ラナンキュラス（紫）を6㎝、7㎝、11㎝、18㎝に切る。写真を参考に、右下から放射状に茎にグルーをつけて取り付ける。セイヨウニンジンボクも13㎝、15㎝、16㎝、23㎝、30㎝2本に切り分け、同様にグルーで放射状に取り付ける。

4 アジサイの花房を6㎝、7㎝、8㎝、13㎝に切り分け、右下から放射状にバランスよくグルーで固定する。ワックスフラワーを18㎝、25㎝、27㎝、38㎝に切り分け、茎にグルーをつけて同様に放射状になるように挿し込んで取り付ける。ワイヤーが隠れるようにアジサイの葉を2枚、グルーでフレームの上につける。

5 ラナンキュラス（ロシェル）を7〜20㎝に5本切り、茎にグルーをつけて空いているところにバランスよくつける。残ったワックスフラワーを3〜4本に切り分けてグルーで隙間に足し入れる。最後に空いているところにユーカリの葉をグルーで足し入れる。

December

12月-A

白い花と葉、木の実のクリスマスツリー

シラカバの皮を張った器に、
木の枝を束ねて円錐形に骨格を作り、
白やシルバーの花と葉を取り付けた
クリスマスツリー。
ふわふわの質感や起毛した素材で、
温かさを感じる仕上がりに。

出来上がりサイズ：
直径23㎝、高さ55㎝

用意するもの

［花材］

a ラムズイヤー　13本
b ストローブマツの実　2個
c コウヨウザンの実　2個
d ワタの実　1本
e シルバーブルニア　5本
f フランネルフラワー‘ファンシーマリエ’　10本
g シロタエギク‘ニュールック’　23本
h シラカバの小枝(48cm以上)　6本

［道具など］

シラカバの器(直径12cm×高さ12cm)、アイスランドモス2つかみ、フローラルフォーム、カッター、クラフト用ハサミ、剪定バサミ、ピンセット、グルーガン、グルースティック、グルーパッド、木工用接着剤、地巻きワイヤー＃26(茶)と(白)

1　シラカバの器の大きさに合わせてフローラルフォームをカッターで切り、器に入れて底を木工用接着剤で固定する。シラカバの枝6本に接着剤をつけてフローラルフォームに挿し込み、46cmのところに二つ折りにしたワイヤー(茶)を巻きつけて縛り、円錐形に整える。

2　1のフローラルフォームの上面に接着剤を塗り、枝の間からアイスランドモスを敷き詰めてフローラルフォームを隠す。

3　白いワイヤーを$\frac{1}{6}$に切り、U字に曲げたピンを挿してアイスランドモスを固定する。ストローブマツの実を大きめのものを下にして2個重ねて、枝の隙間から内側に入れる。

4　7〜12cmに23本切ったシロタエギクを、螺旋を描くように下側にグルーをつけて固定する。10〜33cmに13本切ったラムズイヤーを、少し螺旋状に曲げながらグルーで取り付ける。

5　ワタの実の茎を短く切って、左下にグルーで固定する。その左上と上にコウヨウザンの実を、下側にグルーをつけて取り付ける。

6　実のついたシルバーブルニアを房ごと8〜10cmに12本切り分ける。茎にグルーをつけ、ワタの実の右側からスタートし、上に向かってジグザグになるように挿し込んで取り付ける。

7　フランネルフラワーを5〜8cmに10本切り分け、茎にグルーをつけ、ワタの実の左側からスタートし、上に向かってジグザグになるように挿し込んで取り付ける。仕上げにシラカバの細い小枝を20〜30cmに15本切り、下側にグルーをつけて空いているところにバランスよく挿す。

12月-B

木の実で作る クリスマスアレンジ

ちょっとした場所にも似合い、手軽にできる
クリスマスのアレンジ。大きめの木の実を
ワイヤープランツで巻き、赤い実と花、緑の葉で飾って。

出来上がりサイズ： 左右30㎝、奥行き20㎝、高さ10.5㎝

用意するもの

［花材］

a マリティマコーン　1個
b コウヨウザンの実　1個
c カラマツの実　1個
d ノイバラの実　3本
e ワイヤープランツ（50㎝）　20本
f リューカデンドロン
　'メリディアヌム'　1本
g ケイトウ（久留米系、赤）　3本
h キンポウジュ　½本

［道具など］

剪定バサミ、クラフト用ハサミ、
グルーガン、グルースティック、
グルーパッド、地巻きワイヤー＃28（茶）

1　50㎝のワイヤープランツ20本を束ねてマリティマコーンの下側に巻きつけ、二つ折りにしたワイヤーで縛ってまとめる（Ⓐ）。反対側のワイヤープランツの下側½をワイヤーで縛ってまとめる（Ⓑ）。

2　コウヨウザンとカラマツの実の下側にグルーをつけて、Ⓑに取り付ける。リューカデンドロンを3㎝、5㎝に切り分ける。茎にグルーをつけてⒶに3㎝、Ⓑに5㎝を、ワイヤーを隠すように1本ずつ、ワイヤープランツの間に挿し込むように取り付ける。

3　キンポウジュを5～7㎝10本、9㎝、12㎝に切り分け、茎にグルーをつけてⒷの周りに挿し込むように取り付ける。マリティマコーンの隙間に入れてもよい。左の外側に9㎝、右の外側に12㎝のキンポウジュを挿し込むようにグルーで取り付ける。

4　ケイトウを3㎝、5㎝、8㎝に切り、茎にグルーをつけて挿し込むように取り付ける。同様にノイバラの実5㎝3本、7㎝、10㎝2本を挿し込むようにグルーで取り付ける。空いているところに残った花材をグルーでつける。

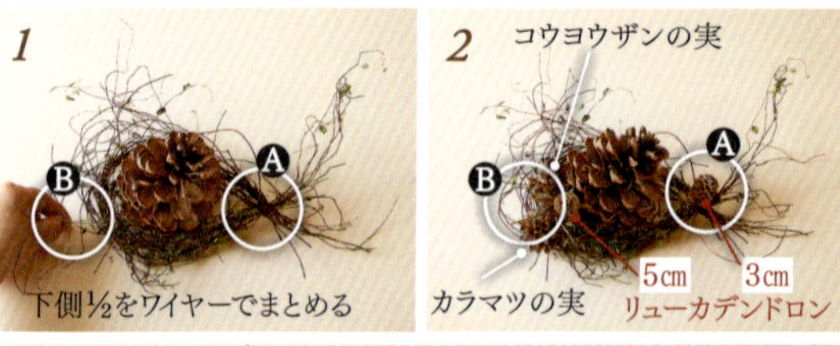

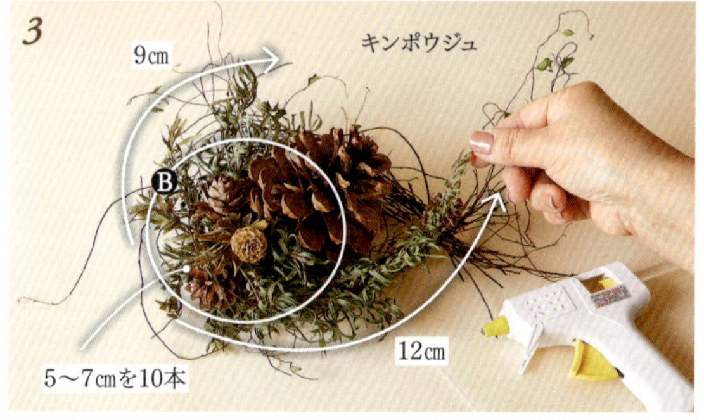

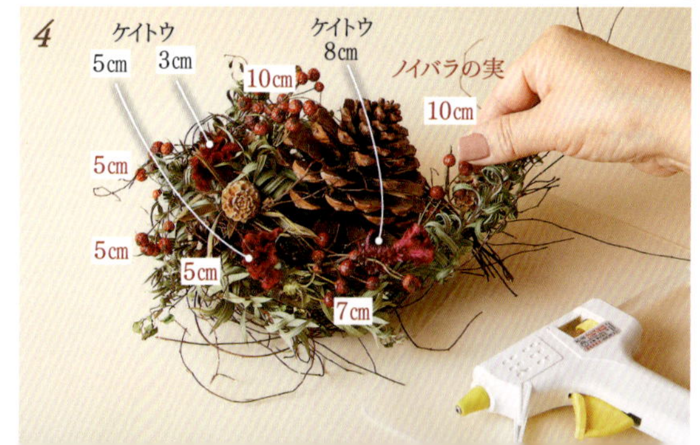

お皿を囲む花と葉のリース

オーバル形の皿の周囲に
ユーカリをそわせ、
ポイントに花をつけました。
ラナンキュラスとストケシアを
季節の花に変えれば、一年中作れます。

出来上がりサイズ：
天地26㎝、左右18㎝、厚み4㎝

用意するもの

[花材]

a ラナンキュラス（紫） 5本
b ストケシア‘ブルースター’ 6本
c フランネルフラワー‘ファンシーマリエ’ 10本
d ユーカリ・グニー（若い枝） 2〜3本

[道具など]

オーバル皿（17㎝×12㎝×高さ2㎝）、剪定バサミ、クラフト用ハサミ、グルーガン、グルースティック、グルーパッド、地巻きワイヤー＃28（緑）

1 ユーカリの若い枝を数本に切り、皿にぴったりそわせて2周半（約120㎝）丸める。ワイヤーで左上と右下の2点を巻いて固定し、リースベースを作る。リースベースを皿の左上にのせ、右下は皿の縁の下になるようにセットする。

2 ラナンキュラスを3㎝、3.5㎝、5㎝3本に切り分け、茎にグルーをつけて左上のワイヤーを隠すように3㎝、5㎝2本をユーカリの間に挿し込むように取り付ける。同様に右下のワイヤーを隠すように3.5㎝、5㎝を挿し込むようにグルーで取り付ける。

3 ストケシアを3㎝、4㎝、5㎝2本、6㎝、8㎝に切り分け、茎にグルーをつけて左側に4㎝、5㎝2本、8㎝をユーカリの間に挿し込むように取り付ける。同様に右下に3㎝、6㎝をグルーで取り付ける。

4 フランネルフラワーを2㎝、3㎝、4㎝3本、5㎝3本、6㎝2本、8㎝に切り分け、茎にグルーをつけて左上に2㎝、3㎝、4㎝、5㎝、6㎝2本をユーカリの間に挿し込むように取り付ける。同様に右下に4㎝2本、5㎝2本、8㎝を挿し込むようにグルーで取り付ける。最後に空いているところに残ったユーカリの葉をグルーでつける。

Chapter 3

ドライフラワーに
おすすめの花
111種

本書のアレンジメントで使用した、
ナチュラルドライフラワーに
おすすめの植物を、
季節ごとに紹介します。

図鑑の使い方

●中輪

クリスマスローズ

キンポウゲ科　ヘレボルス属

一重や半八重もあるが、八重咲きのピンクや紫色がおすすめ。1〜4月に開花。切り花で楽しんだ後でもきれいなドライになる。葉も役立つので、葉だけをまとめて乾かす。

花材の区分
主な用途によって、大輪、中輪、小花、葉もの、枝もの、実ものの6種類に分けた。

ナチュラルドライフラワーに仕上がった状態。

植物名
その植物の名前と、品種名や別名など。

科名と属名
植物の分類を表示。

解説
その植物の特徴と乾かし方のコツや注意を表記。

From early spring to spring

早春から春・17種

花材の区分
アレンジメントを作る際に花材を選びやすいように、花の形や主な役割を考慮して6種類に分けて表示しました。

●大輪
ひとつの花の咲き姿が大きくて華やかに感じるもの。

●中輪
ひとつの花があまり大きくはなく、脇役として活躍する。

●小花
ひとつの花の咲き姿が小さい。集まって咲くものもある。

●葉もの
主に花よりも葉を活用するもの。葉が美しいものが多い。

●枝もの
庭木や花木などの枝を切り、枝ごと利用するもの。

●実もの
主に実やタネ、花後のさやなどを観賞して楽しむもの。

●枝もの

アセビ

ツツジ科　アセビ属

2〜4月に開花。花木として白花と紅花が流通する。12〜3月にしっかりした葉のついた枝を乾かして使う。葉がサラサラして乾燥が早い。小さな実や花もドライにおすすめ。

●大輪

アネモネ・コロナリア'ポルト'

キンポウゲ科　イチリンソウ属

色鮮やかな大輪で、ふっくらした花。庭での開花は2〜5月。切り花は11月〜翌年4月に流通。茎が太くて水分が多いので、花首がかたくなるまでしっかり乾かす。

●大輪

ガーベラ'イギー'

キク科　ガーベラ属

花弁が細かいスパイダー咲き。切り花は通年流通する。高低差をつけて花が重ならないように1〜2本を輪ゴムでまとめる。花と花の間を広くあけて、約2週間乾かす。

●中輪

クリスマスローズ

キンポウゲ科　ヘレボルス属

一重や半八重もあるが、八重咲きのピンクや紫色がおすすめ。1〜4月に開花。切り花で楽しんだ後でもきれいなドライになる。葉も役立つので、葉だけをまとめて乾かす。

●実もの

クレマチス・シルホサの実

キンポウゲ科　クレマチス属

冬から春まで長期間開花する冬咲きのクレマチスの原種のひとつで、花後の果実を切って乾かすと丸くてふわふわな形状になる。つぶさないように注意する。

●葉もの

シロタエギク'シルバーダスト'

キク科　セネシオ属

全体が白い毛に覆われて美しい。庭では秋から春に開花。切り花は秋から初夏に流通。短めに切り分け、2〜3本まとめて全体がかたくなるまで乾かす。乾燥に時間がかかる。

●葉もの

シロタエギク'ニュールック'

キク科　セネシオ属

葉に切れ込みが少なく、ふわふわした白い毛に覆われている。主に早春から流通。葉が厚いので5枚ほどを短めに切り分け、2〜3本をまとめて吊るし、よく乾かす。

●小花

スイートピー(紫)

マメ科　レンリソウ属

新しい花色で甘い香り。庭での開花は4～6月、切り花は1～5月に流通。美しいドライになる。花が重ならないようにして、2～3本を輪ゴムで扇状に束ねて乾燥させる。

●小花

スターチス 'HANABI'

イソマツ科　イソマツ属

ふさふさとした細い花弁で、花色が鮮やか。新品種のため流通時期が短く、3～5月まで。乾かしやすく、乾燥しても生花のときと、ほぼ花色や姿が変わらない。

●小花

西洋ナズナ (タラスピ オファリム)

アブラナ科　ナズナ属

野山に咲くナズナ(ぺんぺん草)の仲間で、春から夏に流通。小さな軍配形の実が多数並び、切り花でも人気。3本ほど束ねて、短期間で乾かすと表情が出る。

●枝もの

ヒメウツギ

アジサイ科　ウツギ属

開花は4月中旬からで、ウツギの仲間の中では早い。枝を間引くように長めに切り、3本くらいをまとめて乾かす。花と葉がついたままでも乾きやすく、早く乾燥する。

●枝もの

ミモザ 'ミランドール'

マメ科　アカシア属

イタリアからの輸入が中心で、1～3月に流通。開花した枝を3～5本まとめて束ね、枝と枝を離して乾かす。早く乾燥する。葉はパラパラと落ちやすい。

●枝もの

八重咲き ユキヤナギ

バラ科　シモツケ属

一重咲きより存在感があり、ドライフラワーに向く。流通時期は2月下旬～4月。開花した枝を使う。長い枝は切り分けて数本を輪ゴムでまとめ、吊るして乾かす。

●実もの

ヤツデの実

ウコギ科　ヤツデ属

1～3月に流通する生花をドライにする。庭植えなら黒く熟する前の4月までに切って乾かす。やや時間がかかるため、茎を短めに切り分けて、2～3本を束ねて吊るす。

●大輪

ラナンキュラス 'ティキラ'

キンポウゲ科　キンポウゲ属

黄金色の花で、1～5月に流通。開花したものを乾かす。花と花の間をあけ、束ねるなら3本までに。花首が動かなくなるまで乾かす。湿気に弱いため、保存に注意。

●大輪

ラナンキュラス(紫)

キンポウゲ科　キンポウゲ属

主に1～6月に流通。乾燥させると深い紫色になり、退色も少ない。花弁が多いため、花と花の間をあけ、2～3本を束ねて吊るす。茎がかたくなるまでよく乾かす。

●大輪

ラナンキュラス 'ロシェル'

キンポウゲ科　キンポウゲ属

淡い上品な紫色。開花した花を乾かす。花弁が多くて繊細なため、花と花の間をあけ、まとめて乾かすなら3本までに。茎がかたくなるまで乾かす。湿気にやや弱い。

From early summer to summer

初夏から夏・38種

●中輪

アゲラタム ‘トップブルー’

キク科　カッコウアザミ属

青紫色の花の切り花向き品種で、退色が少なく、ドライフラワー向き。5～10月に流通。数本を束ねて吊るし、短時間で風通しよく乾かすと鮮やかな色に仕上がる。

●小花

アジサイ ‘オーベルジーヌ’

アジサイ科　アジサイ属

ひと味違う濃い紫色が美しく、主に切り花で流通する。少量の水を入れた花器に放置するか、短く切り分けて1本ずつ吊り下げて、短時間で風通しよく乾かす。

●小花

アストランチア ‘ローマ’

セリ科　アストランチア属

ニュアンスのあるピンクの花で、特にドライにおすすめ。庭での開花は5～7月だが、切り花では通年流通。花は早めに乾くが、茎がかたくなるまでよく乾かす。

●小花

アメリカノリノキ ‘アナベル’

アジサイ科　アジサイ属

小花が手まり状に咲くアジサイの仲間。6～7月に開花。白い花がグリーンになり、カサカサしてきたら切る。1本ずつ吊るして乾かすか、花瓶に挿したまま乾かす。

●中輪

エリンジウム ‘オリオン’

セリ科　エリンジウム属

青色でトゲのある苞が美しい。庭では6～8月に開花するが、切り花は秋まで流通。風通しのよい環境で乾かせば約3日で乾燥する。色鮮やかなドライになる花。

●小花

オレガノ ‘ケントビューティー’

シソ科　ハナハッカ属

ホップのような形で芳香がある。5～11月に流通。紫色を帯びて15～20㎝になったら切り、2～3本を束ねて吊るす。乾きやすく、カサカサした感触が仕上がりの目安。

●枝もの

キンポウジュ

フトモモ科　マキバブラシノキ属

別名ブラシノキ。葉と枝をドライフラワーにする。夏に咲く花は、庭でも生花でも楽しめる。早くきれいに乾燥する。乾いても葉が壊れにくく、生乾きでも使える。

●中輪

クラスペディア ‘グロボーサ’

キク科　クラスペディア属

丸くて黄色の花。乾かしやすく、花形が崩れないため、ドライフラワー向き。庭での開花も切り花の流通も5～9月。花が重ならないように数本を束ねて吊るす。

●大輪

シャクヤク
‘華燭(かしょく)の典’

ボタン科　ボタン属

濃いめのピンク色の八重咲き種。大輪でも美しく乾き、退色も少ないのでおすすめ。庭でも生花でも4〜6月に流通する。水揚げして、しっかり咲かせてから乾かす。

●大輪

シャクヤク
‘白雪姫’

ボタン科　ボタン属

白花の八重咲きで、入手しやすい。生花は純白だが、乾かすとニュアンスのあるクリーム色になる。4〜6月に流通。葉も使える。十分に開花させてから乾かす。

●大輪

ジニア
‘クイーンレッドライム’

キク科　ヒャクニチソウ属

八重咲きで色幅がある二色咲き。切り花を中心に6〜10月に流通。花が重ならないように2〜3本を束ね、吊るして乾かす。花や茎、葉が強く、ドライフラワー向き。

●小花

スプレーマム
‘カリメロスノー’

キク科　キク属

淡い黄色の小花が、多数分岐して咲く。開花期は6〜11月で、花もちがよい。切り分けて2〜3本を束ねて吊るし、花首が固まるまで時間をかけてしっかりと乾かす。

●大輪

ダリア
‘マルガリータ’

キク科　ダリア属

透明感のあるピンク色と白の二色咲き。初夏から秋まで咲く。乾かすと茎が細くなるため、短めに切る。花弁が繊細なので1本ずつ吊るし、間隔をあけて乾かす。

●枝もの

チャイナニンジンボク
（青花種）

シソ科　ハマゴウ属

庭でも切り花でも6〜10月に流通。長いままでも乾きやすいが、切り分けて2本を束ねるとよい。繊細なので、半分くらい乾いたら間隔をあけて乾かすと絡まない。

●大輪

デルフィニウム
（ライトブルー）

キンポウゲ科　ヒエンソウ属

明るく透明感のある青い花で、豪華な長い花穂。庭では5〜6月に咲くが、切り花は周年流通。乾燥に時間がかかるため、先端がかたくなるまでしっかりと乾かす。

●実もの

ニゲラの実
‘ブラックポッド’

キンポウゲ科　クロタネソウ属

濃い茶褐色の実。庭では4〜7月に白い花が咲き、実の切り花は5〜8月に流通。実が膨らんだら20〜30㎝で切り、約10本を束ねて吊るす。花もドライフラワーに向く。

●中輪

ニゲラ
‘ミスジーキル ホワイト’

キンポウゲ科　クロタネソウ属

細い糸状の苞が白い花を包む。開花は4〜7月で、切り花は3月から流通。乾くとブルーを帯び、緑の苞に覆われた丸い形になる。乾きやすく、約5本を束ねて吊るす。

●小花

ハイブリッドスターチス
‘カスピア’

イソマツ科　リモニウム属

淡い青紫色で繊細な小花が分岐した茎に多数咲く。茎に翼がないので乾きやすい。庭では5〜7月に開花するが、切り花は秋まで流通する。ドライフラワー向きの花。

●大輪

バラ
‘アムールブラン’

バラ科　バラ属

外弁にグリーンが入り、中央はクリーム色。花弁が厚く、香りは少ないが花もちはよい。切り花は春から秋まで流通する。切り分けて下葉を落として乾かす。

●大輪

バラ
‘インフューズドピンク’

バラ科　バラ属

濃いピンクがにじむ剣弁高芯咲きで春から秋まで流通。ゴムの軍手でトゲを取り、1〜2本を束ねて吊るして十分に乾かす。完全に乾くまで、やや時間がかかる。

●中輪

バラ
‘エクレール’

バラ科　バラ属

黄緑色のポリアンサローズ。花数が多いスプレー咲きで、人気の品種。トゲと下葉を少し落として3本ほど束ねて吊るし、花首が動かなくなるまでよく乾かす。

●中輪

バラ
‘スパークリンググラフィティ’

バラ科　バラ属

濃いめの赤紫と白の絞り柄の品種。乾かしても花形が乱れず、表情が美しい。春から秋まで流通。切り分けて1〜2本を束ねて吊るし、花首が動かなくなるまで乾かす。

●中輪

バラ
‘バンビーナホワイト’

バラ科　バラ属

クリーム色のコロンと丸い花形。花数が多いスプレー咲きで、庭でも切り花でも春と秋に流通。トゲと下葉を少し落として3本ほど束ねて吊るし、よく乾かす。

●中輪

バラ
‘ブルーグラビティ’

バラ科　バラ属

青に近い薄紫色。切り花が春から秋まで流通。比較的トゲが少ない。下葉を少し落として2〜3本を束ねて吊るす。花首が動かなくなるまでしっかり乾かす。

●大輪

バラ
‘プライムチャーム’

バラ科　バラ属

品種名は「すばらしい魅力」を意味し、春から秋まで開花する。切り分けてトゲと下葉を少し落として3本ほど束ねて吊るし、花首が動かなくなるまで乾かす。

●大輪

バラ
‘ミルナ’

バラ科　バラ属

赤い大輪で花もちがよい。乾かしても花形が乱れず表情が美しい。春から秋まで流通。切り分けて1〜2本を束ねて吊るし、花首が動かなくなるまで乾かす。

●実もの

ヒエ
‘フレイクチョコラータ’

イネ科　ヒエ属

黒ヒエとも呼ばれ、切り花は初夏から秋まで流通。数本を束ねて吊るすほか、花瓶に水を入れずに飾りながら乾かして、穂がしなだれる姿を楽しむのもよい。

●実もの

ヒペリカム
‘ココカジノ’

オトギリソウ科　オトギリソウ属

初夏に黄色い花が咲き、実つきの枝は、庭でも切り花でも6〜9月に流通。どの色の実も乾くと黒になる。乾きにくいため、切り分けて葉と葉の間をあけて2〜3本に束ねる。

●中輪

ヒマワリ ‘サンリッチ ライチ’

キク科　ヒマワリ属

クリーム色に淡い茶色が入る二色咲き。花粉が出にくく、茎が丈夫。庭では7～8月に開花、切り花は6～9月に流通。1～2本ずつ、花に段差をつけてよく乾かす。

●中輪

フランネルフラワー ‘ファンシーマリエ’

セリ科　アクチノータス属

ふわふわした感触でドライフラワー向き。四季咲き性があり、初夏を中心に通年流通。輪ゴムで束ねる際は傷つけないように。1～2本ずつ吊るすと表情豊かに乾く。

●小花

ホップ ‘カスケード’

アサ科　カラハナソウ属

ビールの原料になるハーブの仲間。雌雄異株で、薄緑の花穂がつくのは雌株。つるは約10m伸びる。数本を束ねて吊るすか、つるを丸めて飾りながら乾かす。

●枝もの

マートルの実

フトモモ科　ギンバイカ属

5～6月に芳香のある白花を咲かせ、花後に実が黒く熟す。30cmに切り、輪ゴムで3本束ねて吊るす。葉が繊細なので、触れ合わないように間隔をあけて乾かす。

●中輪

マリーゴールド ‘ディスカバリーイエロー’

キク科　マンジュギク属

華やかな八重咲きで、庭でも切り花でも6～9月に流通。3本ほど束ねて吊るし、花首がかたくなるまで乾燥させる。花弁が多いため、乾ききるまで時間がかかる。

●枝もの

ヤマボウシ （白花種）

ミズキ科　サンシュユ属

落葉性の白花がドライフラワーにおすすめ。流通時期は5～6月。枝を裂いてしっかり水揚げした後、切り分ける。比較的乾燥するのが早く、葉も花も5日程度で乾く。

●実もの

ラグラス ‘バニーテール’

イネ科　ラグラス属

小型でふっくらした穂で、4～9月に流通。形や色が変わりにくく、長期間観賞できる。15本くらいまでを束ね、吊るして乾燥させる。きれいな状態で乾きやすい。

●小花

ラークスパー （カンヌ系）

キンポウゲ科　コンソリダ属

庭・切り花ともに5～8月に流通。花を重ねず、1本を半分に切って輪ゴムで束ねるか、長いまま2本まとめて吊るす。時間がかかるが、先端までしっかり乾燥させる。

●葉もの

ラムズイヤー

シソ科　イヌゴマ属

白く細かい毛で覆われ、庭でも切り花でも5～11月に流通。花や葉が肉厚で、乾ききるまでに時間がかかる。穂の先端がしっかりとかたくなるまで、吊るして乾かす。

●大輪

ルリタマアザミ ‘ベッチーズブルー’

キク科　エキノプス属

乾かしても青い花色が美しく残る。葉裏や茎が白いのも魅力。庭では5～8月に咲くが、切り花は秋まで流通。分岐したところで切り分け、つぼみの先までよく乾かす。

From autumn to winter

秋から冬・18種

小花

ケイトウ 'センチュリーファイヤー'

ヒユ科　セロシア属

花穂が大きく、ボリュームがある緋赤色の羽毛ケイトウ。主に9～10月に流通。風通しに注意して2本を段差をつけて束ねて吊るし、花の内側までよく乾かす。

実もの

コウヨウザンの実

スギ科　コウヨウザン属

スギに似た幅の広い葉を持つ常緑樹で、秋に傘の先の尖った丸い球果が茶色く熟する。水で洗って乾燥後、食品用保存袋に入れて冷凍庫に約10日おいてから使う。

実もの

サンキライの実

シオデ科　シオデ属

秋から流通する赤い実が人気。入手したら長いまま実が絡まないようにほぐしておく。2本ほど輪ゴムで束ねて乾かすか、丸めて飾りながら乾燥させる方法もある。

枝もの

シラカバ (ベツラ・プラティフィラ)

カバノキ科　カバノキ属

冷涼な気候を好み、成長しないと幹が白くならない。秋に枝を切り、60㎝を10本ほど束ねて乾かす。長いまま丸めてリースベースにも。早く乾き、長持ちする。

実もの

ストローブマツの実

マツ科　マツ属

北米原産の巨大なマツの仲間で、別名イースタンホワイトパイン。細長い松ぼっくりで白い樹脂がつく。水で洗って乾燥後、天日で数日間乾燥させる。

葉もの

セイヨウニンジンボク 'プルプレア'

シソ科　ハマゴウ属

7～9月に青紫色の花を咲かせる低木。秋に葉裏の紫色が濃くなった枝を切って使う。葉がやわらかいため、葉と葉が絡まないように1～2本程度を束ねて乾燥させる。

中輪

セロシア 'ルビーパフェ'

ヒユ科　セロシア属

キャンドルに火を灯したような花穂で、5～11月に開花。乾きやすく色鮮やか。2～3本を輪ゴムで束ねて、先端と花首の下の茎がかたくなるまでよく乾燥させる。

実もの

ツルウメモドキ

ニシキギ科　ツルウメモドキ属

5～6月に淡い黄緑色の小花を咲かせる。秋に黄色の実が熟すと、3つに割れてオレンジ色のタネが見える。そのまま飾りながら乾かしてもよい。アレンジのポイントになる。

●実もの

ナンキンハゼ

トウダイグサ科　ナンキンハゼ属

紅葉が美しい落葉高木。秋に実が熟すと褐色になってから割れ、白いろう質に包まれたタネが見える。枝ごと切って数本束ねて吊るすか、飾りながら乾かす。

●実もの

ノイバラの実

バラ科　バラ属

初夏に開花し、10～11月に実が赤く熟する。実が赤くなったら収穫し、飾りながら乾燥させてもよい。実が黒くなったり、シワになったりすることがある。トゲが鋭いので注意。

●小花

ノリウツギ 'ミナヅキ'

アジサイ科　アジサイ属

白い小花がピラミッド形に咲く。7～9月に開花。花はすぐには切らず、咲ききって紫色を帯びてきたら枝を短めにつけて切り、1～2本ずつ吊るして乾かす。早く乾く。

●実もの

ハスの実(蓮台)

ハス科　ハス属

水面に葉を広げて7～9月に開花、秋にジョウロ形の実ができる。逆さに吊るすと、乾く間に穴が広がって中のタネが落ちる。茎が緑色から茶色になるのを目安に乾かす。

●実もの

バラの実 'センセーショナルファンタジー'

バラ科　バラ属

春にピンク色の花が咲くオールドローズで、7月頃から実が赤く熟する。トゲが少ない。大きな円形の実が赤くなったら収穫する。実にシワが入ることがある。

●実もの

ヒオウギの実 (ダルマヒオウギ)

アヤメ科　ヒオウギ属

6～8月にオレンジ色で赤い斑点のある花を咲かせる。結実した楕円形の実は、秋に熟すと黒いタネが連なる。茎は長いままつけて切り、2～3本をまとめて乾かす。

●小花

ユウギリソウ 'コーリンパープル'

キキョウ科　ユウギリソウ属

庭で6～10月に開花するが、切り花は春と秋から冬に流通。小さな花を半手まり状に咲かせる。比較的乾きやすい。約30㎝に切り分け、花と花を離して2本まとめて乾かす。

●実もの

ヤシャブシの実

カバノキ科　ハンノキ属

3～4月に花を咲かせ、9～11月に雌花花序にユニークな卵形の実をつける。秋に実つきの枝を40～50㎝に切り、2～3本を束ねて吊るすか、飾りながら乾かす。

●実もの

ルナリアの実

アブラナ科　ルナリア属

5～6月に赤紫色の花を咲かせ、秋に直径約4㎝の円盤状のさやができる。このさやをドライフラワーにする。収穫後、さやの皮を指でこすってむき、中のタネを出して乾かす。

●実もの

ワタの実

アオイ科　ワタ属

7～11月に開花し、約1ヶ月で果実が割れる。開ききる前に収穫し、1つずつ切り分けても、枝ごと乾燥させてもよい。つぼみもいっしょに乾燥させると、表情が楽しめる。

Year-around & from overseas

周年と海外産・38種

●葉もの

アイビー
'パーサリー'

ウコギ科　キヅタ属

緑がひらひらとした葉。常緑性のつる性植物で、一般的なアイビーよりも肉厚でドライフラワー向き。葉が取れやすいので2本ほどで束ね、絡まらないように注意。

●小花

イモーテル
（カレープラント）

キク科　ヘリクリサム属

学名はヘリクリサム・イタリカム。乾いても色や形がほぼ同じで、カサカサしている。カレーに似た独特の香りがある。ドライフラワー向きで、乾燥しやすい。

●小花

カンガルーポー
（イエロー系）

ヘモドラム科　アニゴザントス属

オーストラリア原産。飾りながらでも乾かせる。花と花が絡みやすいため、短く切り分けて数本を束ね、隣の花に当たらないように。乾燥すると花が落ちやすいので注意。

●葉もの

銀葉グミ
（シマグミ）

グミ科　グミ属

葉の裏面と若い枝に白い毛があり、シルバーを帯びる。緑色の表面との対比が美しい。夏を避けて2～3本を束ねて吊るし、エアコンなどを使って湿度が低い環境で乾かす。

●葉もの

グレビレア
'ゴールド'

ヤマモガシ科　グレビレア属

学名はグレビレア・バイレアナ。オーストラリア原産で、葉の裏側が黄金色。乾燥しやすく、失敗が少ない。ドライフラワーになってからの退色も少ない。

●葉もの

ゴアナクロウ

カヤツリグサ科　カウスティス属

繊細にクルクルと巻いた、やわらかい葉と茎がユニーク。オーストラリア原産。曲げても折れにくい。吊るして干しても、そのまま乾燥させてもきれいに乾く。

●小花

シルバーキャット
（アエルバ）

ヒユ科　アエルバ属

シルバーキャットは通称。白い花穂が美しく、切り花は初夏から秋まで流通する。繊細な花なので、重ならないように3本ほどを束ね、絡まないように吊るして乾かす。

●小花

シルバーブルニア

ブルニア科　ブルニア属

南アフリカ原産で、丸い実のようなシルバーの花をたくさんつける。2本をまとめて吊るすか、スワッグのように束ねて飾りながら乾かす。早めに乾燥する。

●大輪

シンカルファ
(エバーラスティング)

キク科　シンカルファ属

光沢がある白い花で、葉や茎もシルバーを帯びる。南アフリカ原産で、生花のときから水分が少ないため、ドライフラワー向き。すぐに乾き、生花の状態と変わらない。

●小花

スターチス
'シースルーホワイト'

イソマツ科　イソマツ属

淡く甘いピンク色の花。花のように見えるのは萼で、先端につく小さな花が落ちやすい。数本をまとめて吊るすか、スワッグのように束ねて飾りながら乾かす。

●大輪

セルリア
'ブラッシングブライド'

ヤマモガシ科　セルリア属

華やかで淡いクリーム色の主役級の花。南アフリカ原産で、ウエディングでも人気がある。丈夫で乾きやすく、花と花を離して吊るして乾燥させる。

●中輪

セルリア
'プリティーピンク'

ヤマモガシ科　セルリア属

ピンク色で小ぶりの花が多数咲く。南アフリカ原産だが、オーストラリアで育種が進んでいる。丈夫で乾きやすく、花と花を離して吊るして乾燥させる。

●大輪

ドライアンドラ・
クエルシフォリア

ヤマモガシ科　ドライアンドラ属

オーストラリア原産で、肉厚で幅が広くギザギザした葉とワイルドな黄色の花。湿気に強く、乾いても変化が少ない。1～2本を輪ゴムで束ねて吊るし、乾燥させる。

●大輪

ドライアンドラ・
フォルモーサ

ヤマモガシ科　ドライアンドラ属

オーストラリア原産で、切れ込みが入った葉とオレンジ色の毛羽立ったような花が特徴。湿気に強く、乾いても変化が少ない。1～2本を輪ゴムで束ねて吊るし、乾かす。

●枝もの

ピスタキア

ウルシ科　ピスタキア属

ナッツのピスタチオが穫れる木。ひと枝ずつ麻ひもにかけるか、ハンガーに枝を吊るして乾かす。早く乾くが、繊細なので葉がぶつかって壊れないように注意する。

●大輪

ピンクッション
'サクセション'

ヤマモガシ科　リューコスペルマム属

学名はリューコスペルマム・コルディフォリウム。南アフリカ原産の常緑低木で、オーストラリアで改良された。花が大きく、1～2本を束ねて吊るして乾かす。

●中輪

フィリカ・プベッセンス
'ワフトフェザー'

クロウメモドキ科　フィリカ属

南アフリカ原産。乾燥しやすく、ドライフラワーに向く。細い葉はできるだけ落とさず、輪ゴムで束ねる部分のみ葉を取り除く。数本を吊るして乾燥させる。

●大輪

プロテア
'ブレンダ'

ヤマモガシ科　プロテア属

紫色のプロテアで、南アフリカ原産の常緑低木。葉は乾くと褐色を帯びる。下葉を取り除いて1本ずつ吊るすか、花器に水を入れずに飾りながら乾燥させる。

大輪

プロテア‘ロビン’

ヤマモガシ科　プロテア属

豪華で大輪の花を咲かせるキングプロテアで、南アフリカ原産の常緑低木。下葉を取り除いて1本ずつ吊るすか、花器に水を入れずに飾りながら、そのまま乾かす。

葉もの

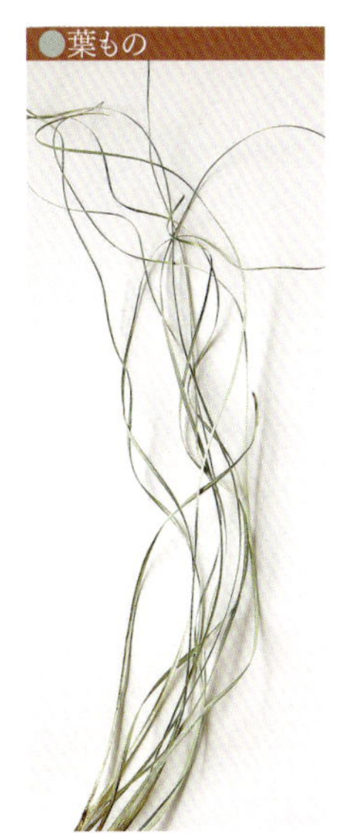

ベアグラス
（カレックス・オシメンシス）

カヤツリグサ科　スゲ属

細長くシャープな葉をもつグラス類。園芸品種で「ベアグラス」と呼ばれる「エバーゴールド」とは異なる。乾燥すると葉がカールする。10本くらいを束ねて吊るす。

小花

ホワイトレース フラワー

セリ科　ドクゼリモドキ属

繊細な白い花だが、茎がかたくて扱いやすく、一年中流通し、入手しやすい。3本ほど段差をつけて束ね、花が絡まないように間隔をあけて吊るす。

枝もの

丸葉ユーカリ

フトモモ科　ユーカリノキ属

銀白色で小さな丸形の葉が密につき、さわやかな香りも魅力。長い枝は30～50㎝で切り分ける。葉と葉の間隔をあけて数本を輪ゴムで束ね、吊るして乾燥させる。

実もの

ユーカリ・ アンバーナッツ

フトモモ科　ユーカリ属

外側が灰色を帯びたベージュで大きな丸い穴があいた、ユニークな形の実がたくさんつく。1本ずつ吊るすか、水を入れない花瓶に挿し、そのまま乾燥させる。

枝もの

ユーカリ・ エキゾチカ

フトモモ科　ユーカリ属

サラサラと長細い葉が動きを出して美しく、先端が尖った小さな実がスプレー状にたくさんつく。数本を束ねて吊るすか、水を入れない花瓶に挿し、そのまま乾燥させる。

枝もの

ユーカリ・グニー

フトモモ科　ユーカリノキ属

シルバーグリーンの丸い葉が密につく。耐寒性があり、鉢植えでも育てられる。長い枝は30～50㎝で切り分け、間隔をあけて輪ゴムで束ね、乾燥させる。

実もの

ユーカリ・ テトラゴナ

フトモモ科　ユーカリ属

学名はユーカリ・プレウロカルパ。ほかのユーカリよりもコンパクト。大きくてユニークな形の実が特徴。1本ずつ吊るすか、水を入れない花瓶に挿して、そのまま乾かす。

枝もの

ユーカリ・ニコリー

フトモモ科　ユーカリノキ属

細長い葉が密につき、清々しい香りがある。強健で鉢でも育てられる。長い枝は30～50㎝で間引くように切り分けて1本ずつ吊るし、束と束の間隔をあけて乾かす。

枝もの

ユーカリ・ポポラス

フトモモ科　ユーカリ属

大きめのハート形の葉で、庭植えでは高木になる。30～50㎝に切り分け、葉と葉の間隔をあけて束ねて乾かす。葉が落ちやすいので、束ねる本数を少なめに。

枝もの

ユーカリ・ポポラス（つぼみつき）

フトモモ科　ユーカリ属

ユーカリ・ポポラスのつぼみつきの枝が、ユーカリポポラスベリーという呼び名で流通している。葉が落ちやすいので、束ねる本数を少なめにし、先端までよく乾かす。

小花

ライスフラワー

キク科　オゾタムヌス属

オーストラリア原産の低木。つぼみが米粒のように見える。壊れやすいので、1～2本を花が重ならないように吊るして乾かす。カサカサとした感触が乾燥の目安。

大輪

リューカデンドロン‘サファリサンセット’

ヤマモガシ科　リューカデンドロン属

南アフリカ原産の常緑低木。赤く色づいた苞が美しく、シックな花色で人気がある。1～2本を段差をつけて輪ゴムで束ねて吊るす。乾燥しやすい。

中輪

リューカデンドロン‘ジェイドパール’

ヤマモガシ科　リューカデンドロン属

シルバーを帯びた白く丸い花がスプレー状につく。細い葉も魅力。南アフリカ原産の常緑低木。乾燥しやすい。3～5本を束ね、飾りながら乾燥させるのがおすすめ。

大輪

リューカデンドロン‘メリディアヌム’

ヤマモガシ科　リューカデンドロン属

やや細長い緑の葉がたくさんつき、その先端に白く小さな楕円形の花がつく。葉もきれいなのであまり落とさずに、数本を束ねて吊るす。乾燥してくると花が少し開く。

中輪

リューカデンドロン‘ピサ’

ヤマモガシ科　リューカデンドロン属

枝の先に黄緑色の花がつき、ほかの花材とも調和しやすい。葉もきれいなので、できるだけ切らずに残し、2本を束ねて吊るす。乾燥中に茶色くなることがある。

中輪

リューカデンドロン‘プルモーサム’

ヤマモガシ科　リューカデンドロン属

茶色のつぼみがスプレー状につく。南アフリカ原産の常緑低木。2～3本を束ねて吊るし、乾燥させる。乾いてくるとつぼみが開いて薄茶色で刷毛状の花が咲く。

葉もの

レモンリーフ

ツツジ科　シラタマノキ属

葉がレモンの形に似ているので、この名がある。レモンの葉ではなく、柑橘系の香りはしない。2本を束ね、葉が重ならないように吊るして乾かす。きれいに乾く。

葉もの

ワイヤープランツ

タデ科　ミューレンベッキア属

ニュージーランド原産で、針金に似た細く赤茶色の茎をつる状に伸ばし、丸い葉がつく。長いまま約5本を輪ゴムで束ねて吊るす。つるが絡みやすいので注意。

小花

ワックスフラワー‘ダンシングクイーン’

フトモモ科　カメラウキウム属

オーストラリア原産で、八重咲きのろうのような花。乾燥しやすく、ドライフラワー向き。細い葉はあまり落とさず、1枝ずつ切り分けて2～3本を束ねて吊るすとよい。

Chapter 4

ナチュラル
ドライフラワーの
作り方

季節ごとに咲く花を乾かして、
自然な色合いを鮮やかにとどめ、
いきいきとした表情がある、
ナチュラルドライフラワーを作ってみましょう。
コツさえ押さえれば、身近にある道具を使って
だれでもきれいにできます。

ナチュラルドライフラワーを作るコツ

特別な設備がなくても、コツさえわかれば、きれいなナチュラルドライフラワーが作れます。
身近なものを利用して、自宅でやってみましょう。

[咲いている花を準備する]

きれいに咲いている、新鮮な花を用意する

ドライフラワーにするために、フラワーショップで切り花を購入するときは、開花したものを選びます。また、花が咲ききらないうちに乾燥させます。長く飾って鮮度が落ちた花を乾かしても、きれいな色に乾かず、茶色になってしまったり、散りやすくなります。

つぼみを買ったら、水揚げして咲かせる

つぼみやほころびかけてきた状態のものは、水揚げして咲かせてから乾燥させます。かたいつぼみのまま乾かすと、きれいに乾かなかったり、乾燥に時間がかかることがあります。バラやラナンキュラスなどの花弁が多い花は注意しましょう。シャクヤクはつぼみの蜜を洗い、新聞紙に包んで深水で水揚げします。

コツ、その1

よく風が通るように、花を広げて吊るす

十分に間隔をあけて吊るし、特に花と花の間は広く離して輪ゴムで束ねます。花や葉の間に風が通るように花を吊るすと、1本1本の花に自然な向きや表情ができるため、乾燥させたときには、よりナチュラルで庭や野原に咲いているような表情になります。

壁にそって吊るさず、部屋の角を生かして空間にゆとりを持たせて吊るす。

コツ、その2

エアコンを使い、除湿機やサーキュレーターを活用

エアコンを使うと、家庭でもきれいなナチュラルドライフラワーができます。エアコンから少し離れたところにハンガーや突っ張り棒、麻ひもなどを使って花を吊るします。サーキュレーター（または扇風機）や除湿機を使うと短時間で乾きやすくなるので、さらにきれいに仕上がります。

エアコンの吹き出し口から少し離れたところに、突っ張り棒で花を吊るして乾かす。エアコン用の洗濯物ハンガーも便利。サーキュレーターで風を送るときれいに乾燥する。

コツ、その3

直射日光や湿気を避けて花を乾かす

きれいな色に仕上げるには、直射日光の当たらない室内や、室内の窓から少し離れたところで乾かします。直射日光が当たると色褪せしやすく、また高温多湿になると花が蒸れで傷み、茶色く変色することがあるため、気をつけましょう。

北側の窓の上などの、直射日光が当たらないエアコンの近くに花を吊るして乾かすとよい。

ナチュラルドライフラワーを作る用具

ナチュラルドライフラワーを作るために、花や葉を乾かす用具をご紹介します。
身近にあるものを利用でき、100円ショップでも入手できます。

用具

花切りバサミ

生花を切るハサミ。水揚げするときは水の中で枝や茎を切るので、錆びにくい素材を選ぶ。

ハンガー

花を吊るすのに便利。丈夫なアルミ製のほか、ワイヤーをコーティングしてあるものなど。

輪ゴム

茎や枝を束ねて吊るすときに。花材は乾燥すると細くなるが、輪ゴムだと抜けにくい。

麻ひも

ピンやフックに引っ掛け、部屋に花材を吊るすために使用する。

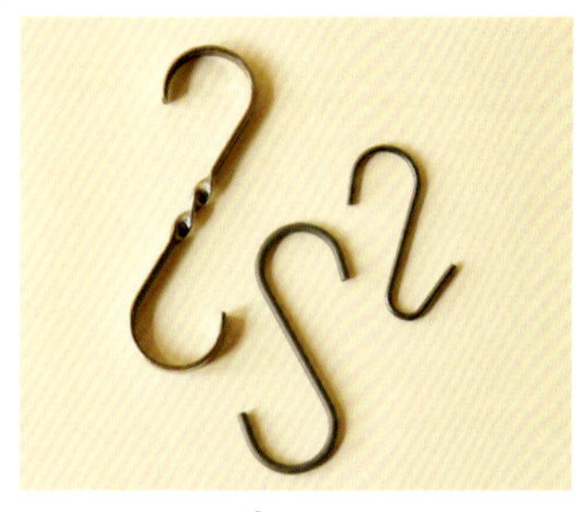

S字フック

束ねた花材を引っ掛けて吊るす。アルミ製などの軽くて丈夫なものがおすすめ。

ピンやフック

室内に麻ひもを張って花を吊るす際に取り付ける。生花は束ねると重いので、強度があるものを。

家電機器

サーキュレーター

エアコンと併用して風を送ると、早くきれいに花や葉が乾燥する。

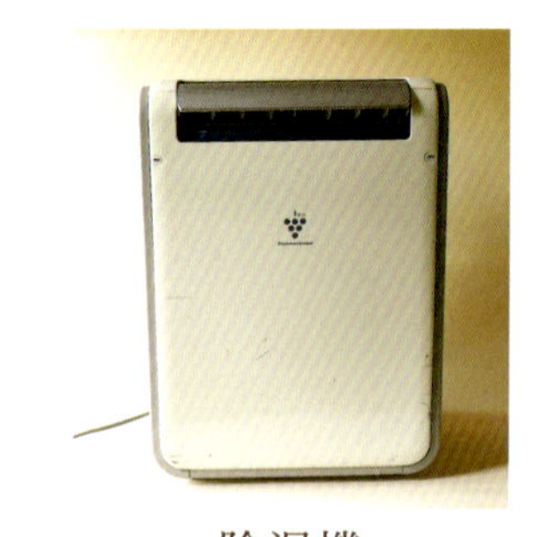

除湿機

エアコンと併用して室内の湿度を下げると、早く花や葉が乾燥する。

エアコン

室内の湿度を下げて、吊るした花材に乾燥した空気を送るのに便利。

庭の花の収穫、切り花の水揚げ

ナチュラルドライフラワーに適した庭の花の収穫の仕方や、
切り花の水揚げの手順を紹介します。

庭の花の収穫

庭の花を切ってナチュラルドライフラワーにするには、開花した状態で収穫します。春から秋の気温が高い期間は、朝早めの時間帯に切りましょう。茎はできるだけ長くつけ、切り口が斜めになるように切ります。

開花した花を選び、茎を長くつけて切る。（ルドベキア）

傷みが少なくて色鮮やかな葉や茎を使う。（シロタエギク）

よく咲いた花房をつけて、下のほうで切る。（セイヨウニンジンボク）

切り花の水揚げ

切り花の水揚げは、つぼみを咲かせたり、花を長持ちさせるために欠かせない作業です。庭の花も、つぼみの場合は切り花と同じように水揚げしてください。

1 バラなどの花材は下のほうの葉を3〜4枚取り除く。ナチュラルドライフラワーでは葉も使うので、すべて取ってしまわないようにする。

2 バラはトゲを取る。トゲを指で側面から押すと、パリッときれいに茎から外れる。

3 深めのバケツなどに水をたっぷり注ぎ、茎を水の中に浸す。水中に茎が浸ったままの状態でハサミを水の中に入れ、茎を2〜3㎝、斜めに切る。

4 できるだけ深く水に浸して、1〜2時間そのまま水を吸わせる。葉は水に浸さないようにする。

花材の切り分けと準備

短時間で効率よく花材を乾かすには、先に花材を切り分けておきます。
花材の大きさや茎や枝の太さによって、切り分け方を工夫します。

枝ものの切り分け方（セイヨウニンジンボク）

枝ものと呼ばれる花木などは、長いままだと乾燥しにくいため、枝の付け根で適度な長さに切り分けます。
切り分ければ、よく乾きます。

1 庭から切ったばかりのセイヨウニンジンボク。まず、一番下についている短い枝を幹の付け根から切り落とす。

2 枝の分枝点より下の小枝も、幹の付け根で切る。

3 下枝をすべて落とし終わったところ。大きな枝を広げるようにして、枝がどのように伸びているのかをよく見る。

4 太い枝を分枝点で切ると、全体を大きく2つに分けられる分量になる。分枝している付け根にハサミを入れて一気に切る。

5 大きな枝を2つに切り分けたところ。これをさらに乾きやすい大きさに整える。

6 2本の枝の長すぎる枝を切り揃え、混み合った下葉も透かすように間引く。これを1本ずつ吊るして乾かす。

草花の切り分け方
（ルドベキア）

宿根草や茎のしっかりした切り花に多い、
1本の茎に数輪の花が咲くタイプの
花材の切り分け方を知っておきましょう。

1 庭から切ってきたルドベキア。下の方についている葉や花を3〜4本切り落とす。

2 下のほうから大きく枝分かれしているところの付け根にハサミを入れて、全体の½になるようにイメージして切る。

3 余分な下葉を取り除く。この2本を吊るして乾かす。

葉ものの切り分け方
（シロタエギク）

主に葉や茎に特徴があり、
色や形が美しい
花材の切り分け方を紹介します。

1 庭から切ってきたシロタエギク。下のほうについている葉や花を3〜4本切り落とす。

2 下のほうから全体の½になるところの付け根にハサミを入れる。切ったところの上と下が同じくらいのボリュームになるようにイメージして切る。

3 切り分けた状態。この2本を吊るして乾かす。

ユーカリの切り分けとリースベース作り

薬がきれいなユーカリは、バスケットやスワッグなど、
いろいろなアレンジに使いやすい便利な花材です。
切り分けてドライフラワーとして使うだけでなく、生花のままリースベースに仕立てることもできます。

ユーカリを切り分ける

丸いパウダーグリーンの葉がたくさん分枝している、
丸葉ユーカリの切り分け方を紹介します。
リース用とドライフラワー用に切り分けるのがポイントです。

1 購入したままの長い生花の丸葉ユーカリ。このままだと乾燥しにくくて、使いにくい。

2 下のほうの太くて長い枝から、分枝しているところの付け根にハサミを入れて切る。

3 強く横に伸びている枝も、付け根にハサミを当てて切る。

4 長い枝には短い枝も残しておく。これがリースベースに向く枝。同じくらいの長さで枝が素直に伸びているものは、このまま乾かしてドライフラワーにする。

ユーカリでリースベースを作る

ドライフラワーにしてもよい香りが続く、人気の丸葉ユーカリ。
枝がやわらかいうちに丸めてリースベースを作り、飾りながら乾かします。

1 左ページで切り分けた枝を、くるっと丸めた状態。丸めたところをしっかり掴む。

2 1で掴んだところに二つ折りしたワイヤーを数回巻きつけ、ねじって固定する。

3 短い葉をリースの内側にくぐらせて整え、太い枝の長さを短めに切り揃える。

4 リースベースの出来上がり。このまま風通しのよい場所に飾りながら乾かす。

5 左がリースベース。左ページで切り分けたユーカリは輪ゴムをかけて束ね、風通しのよいところに吊るして乾かす。

花材の吊るし方・乾かし方

下準備ができたら、花材を吊るして乾かします。
主なタイプに分けて、花材の乾かし方をわかりやすく説明します。

花と花の間をあけて くっつかないように吊るす

フックやピンを使って麻ひもを張り、エアコンの風が当たる場所に花材を吊るすと、早く色鮮やかな状態で乾燥します。
特に、たくさんの花材を吊るす場合は、できるだけ花が重ならないように間隔をあけ、サーキュレーターなどで風通しをよくするのがコツです。できるだけ短時間で乾かすためには、除湿機も併用して部屋の湿度を下げるとよいでしょう。

ルドベキアを乾かす

P.89で切り分けたルドベキアを乾かします。

ハンガーの間に、枝分かれした茎を静かに入れて引っ掛ける。同様にもう1組みの切り分けた枝の茎の股をハンガーにかける。花と花の間は広くあける。この状態でハンガーごと吊るし、乾燥させる。

シロタエギクを乾かす

P.89で切り分けたシロタエギクを乾かします。

ハンガーの間に、枝分かれしたシロタエギクの茎を静かに入れて引っ掛ける。同様にもう1組みの切り分けた枝の茎の股をハンガーにかける。2本の茎の間は広くあける。この状態でハンガーごと吊るし、乾燥させる。

セイヨウニンジンボクを乾かす

P.88で切り分けたセイヨウニンジンボクを乾かします。

ハンガーの間に、枝分かれした小枝を静かに入れて引っ掛ける。同様にもう1組みの切り分けた枝の股をハンガーにかける。枝と枝の間は広くあける。落ちないようにバランスよく吊るせるところに引っ掛けるのがコツ。この状態でハンガーごと吊るし、乾燥させる。

バラを乾かす

P.87で水揚げしたバラを乾かします。

ハンガーの間に、枝分かれした小枝を静かに入れて引っ掛ける。落ちないようにバランスよく吊るせるところに引っ掛けるのがコツ。この状態でハンガーごと吊るし、乾燥させる。花と花が重ならないように吊るす。

花材の乾燥の見極め方

よく乾燥したかどうかは、その後の保存状態を左右する大切なポイントです。
吊るした花材がきちんと乾燥したのかを見極める方法は、花材のタイプによって異なります。

花材のタイプによる見極め方

大きな花は、小さな花に比べて乾燥までに時間がかかります。十分に乾いたら、花首が動かなくなります。そっと触ってぐらぐら動いたら、まだ乾ききっていないことがわかります。花が小さくても花穂が長いと、乾燥に時間がかかります。花穂の先端をそっと触り、動かなければ十分に乾燥したとわかります。

乾きにくいため
注意したほうがよい花材

アストランチア、アリウム、カーネーション、ガーベラ、ジニア、ダリア、デルフィニウム、マトリカリア、ヒマワリ、マリーゴールド、ラークスパー、ラナンキュラス、ヨウシュヤマゴボウ など

●デルフィニウムの乾燥

×
まだ乾いていないので
先端の花が不安定。

○
先端まで花首が
しっかりしていて動かない。

●ジニアの乾燥

×
触ると花首がぐにゃっと
曲がってしまう。

○
花に触れても、
茎から花首までが
しっかりしていて動かない。

ユーカリの新芽は、切り離して使い分ける

春先に伸びるユーカリの新芽は、長い枝のまま乾かそうとすると先端部の葉が乾きにくく、先が縮れてしまいます。葉にしっかりと張りがあるドライフラワーにするには、吊るした上部が半分くらい乾いたら、縮れた部分をハサミで切り落とし、再び乾燥を続けるときれいに仕上がります。反対に、細くて繊細なイメージのアレンジメントに使いたい場合は、新芽の部分をつけてそのまま乾かし、先端部を生かしたアレンジメントに仕上げます。

←繊細な新芽を使ったアレンジメント。

ドライフラワーの保管

ショップで購入したり、自分で作ったナチュラルドライフラワーは、
できるだけきれいに保存したいものです。身近なものでできる保管方法を紹介します。

新聞紙で包み、紙袋に入れておく

ドライフラワーは生花とは異なり、強い力が加わると花びらが取れたり、形が崩れます。デリケートなので押しつぶさないように注意し、ていねいに扱いましょう。小束にして新聞紙に包み、紙袋に入れて保管します。

↑ドライフラワーを小さい束にして、新聞紙で包んで輪ゴムでまとめる。

→小分けにして新聞紙に包み、紙袋に入れて湿気が少ない場所に置く。

直射日光を避け、箱に入れて湿度が低い場所に

ドライフラワーは時間とともに退色しますが、直射日光が当たると退色を早めてしまいます。また濡らしたり、湿気がこもる場所に置くと、傷みやすくなります。衣装ケースや箱、紙袋に衣類用の防虫剤や乾燥剤を入れ、直射日光が当たらない湿度が低い場所に置くのがおすすめです。

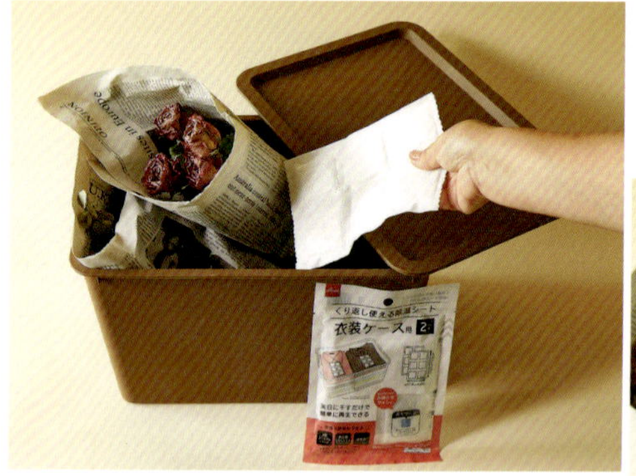

衣装ケースに新聞紙を敷き、間隔をあけて間に乾燥剤をはさむと長持ちする。フランネルフラワー、アストランチアなどの花首が細い花材や色が薄い花のほか、ドライフラワー全般におすすめの保存方法。

ラナンキュラス、シャクヤク、バラなどの虫に食われやすい花は、新聞紙で包んだドライフラワーの間に、衣類用の防虫剤を入れておく。

梅雨明けから秋は害虫対策をしておく

梅雨から秋口までの高温多湿な時期は、ドライフラワーも害虫に注意します。花の中心部にノズル式の殺虫剤を使えば、発生初期なら繁殖を食い止めることができます。ドライフラワー用の防虫剤や、型崩れと退色を防ぐ保護スプレーが市販されています。

ノズル式の殺虫剤は、害虫が発生しやすい花の中心部に薬剤が届くので便利。

左／ドライフラワー用の防虫スプレー。噴射しておくと害虫がつきにくい。
中／仕上げ用の硬化剤。防水、型崩れ、退色を防ぐ効果がある。
右／家庭用のノズル式の殺虫剤。いろいろな種類の害虫に効く。

植物図鑑索引

● Chapter 3の植物図鑑で紹介したものを掲載しています。

［参考文献］
『はじめてのナチュラルドライフラワー』
（吉本博美・家の光協会）

吉本博美　*Hiromi Yoshimoto*

広島県出身。大手アパレルメーカーでデザイナーやプレスを務めた後、アンティークブームを牽引するDepot39に入社し、ドライフラワーの専任講師として活躍。NHK「おしゃれ工房」、TBS「はなまるマーケット」にテレビ出演、雑誌『花時間』などのさまざまなメディアで作品を発表する。2005年、東京・奥沢でドライフラワーショップと教室「libellule」を主宰し、2015年に府中に移転して「Rint-輪と」をオープン。広島、長崎でも定期講習会を行い、各地で展示会を開催。ナチュラルドライフラワーを使った自然に寄り添うアレンジメントを提案している。著書に『はじめてのナチュラルドライフラワー』(家の光協会)がある。

instagram：@rint_y
https://www.rint.tokyo/

Staff

デザイン	矢作裕佳(sola design)
企画・編集	澤泉美智子(澤泉ブレインズオフィス)
撮影	宗田育子、杉山和行、澤泉ブレインズオフィス
撮影アシスタント	大久保夏子、稲田正江、鯉 弘美、村松いな代
撮影協力	田中よね子、岡本里架、市川智章・惠世、高橋昌代、広瀬智子、Glücklich、ANTIQUES CRAFTS Tech²
DTP制作	天龍社
校正	佐藤博子
編集担当	小山内直子(山と溪谷社)

12ヶ月のナチュラルドライフラワー
季節の花のアレンジメントBOOK

2025年1月5日　初版第1刷発行

著　者　吉本博美
発行人　川崎深雪
発行所　株式会社 山と溪谷社
〒101-0051
東京都千代田区神田神保町1丁目105番地
https://www.yamakei.co.jp/

■乱丁・落丁、及び内容に関するお問合せ先
山と溪谷社自動応答サービス
TEL.03-6744-1900
受付時間／11：00-16：00（土日、祝日を除く）
メールもご利用ください。
【乱丁・落丁】service@yamakei.co.jp
【内容】info@yamakei.co.jp

■書店・取次様からのご注文先
山と溪谷社受注センター
TEL.048-458-3455
FAX.048-421-0513

■書店・取次様からのご注文以外のお問合せ先
eigyo@yamakei.co.jp

印刷・製本　TOPPANクロレ株式会社

※定価はカバーに表示してあります
※乱丁・落丁本は送料小社負担でお取り替えいたします

Printed in Japan
ISBN978-4-635-58056-4